数字平面制作——Photoshop

从入门到实战

谙 丹 周 曦 谢 蓓 胡 蓉 著

U0197849

清華大學出版社

北 京

内 容 简 介

　　本书是一本适用于零基础读者学习 Photoshop 的教材，把 Photoshop 的操作方法及技巧与项目结合，淡化理论，注重实践。全书共分为 7 个模块，包括图像编辑、色彩调整、图像修复、图像选择、图像绘制、图像合成和综合实践相关内容。前 6 个模块适合任何专业的学生和广大图像处理爱好者学习，第 7 个模块是专业性较强的综合实践项目，可按照专业方向选学。

　　本书配套微课视频，课件、素材等一应俱全，案例的选择典型且实用，特别适合作为高校或培训机构的教材，也适合广大 Photoshop 从业者及爱好者自学使用。

图书在版编目（CIP）数据

数字平面制作：Photoshop 从入门到实践 / 曾丹等著. —北京：清华大学出版社，2021.9（2024.10重印）
ISBN 978-7-302-58396-7

Ⅰ. ①数… Ⅱ. ①曾… Ⅲ. ①图像处理软件—教材 Ⅳ. ① TP391.413

中国版本图书馆 CIP 数据核字（2021）第 117377 号

责任编辑：贾小红
封面设计：秦　丽
版式设计：文森时代
责任校对：马军令
责任印制：杨　艳

出版发行：清华大学出版社
　　　网　　　址：https://www.tup.com.cn，https://www.wqxuetang.com
　　　地　　　址：北京清华大学学研大厦 A 座　　　邮　　　编：100084
　　　社 总 机：010-83470000　　　邮　　　购：010-62786544
　　　投稿与读者服务：010-62776969，c-service@tup.tsinghua.edu.cn
　　　质量反馈：010-62772015，zhiliang@tup.tsinghua.edu.cn
印 装 者：小森印刷霸州有限公司
经　　销：全国新华书店
开　　本：203mm×260mm　　　印　　张：17.25　　　字　　数：502 千字
版　　次：2021 年 9 月第 1 版　　　印　　次：2024 年 10 月第 4 次印刷
定　　价：88.00 元

产品编号：090640-02

前言·PREFACE

Photoshop（简称 PS）是 Adobe 公司研发的应用于平面设计及图像处理的软件，可以进行图像编辑、色彩调整、图像修复、图像选择、图像绘制、图像合成和创意设计等图像处理操作，是各类图像设计师必须掌握的软件之一。本书是一本适合零基础读者学习的 Photoshop 教材，把 Photoshop 的操作方法及技巧与商业化的项目结合，淡化理论，注重实践，案例的操作步骤条理清晰，读者好学易用。

本书编写特点

（1）内容全面丰富。本书内容涵盖了 Photoshop 的绝大部分工具、命令的相关功能及运用，非常全面，有具体的实战项目，既适合初学者，也适合有一定基础的读者参考演练。

（2）资源配套齐全。除了提供本书案例的视频微课、课件及素材源文件外，还提供了与时俱进的省级精品在线课程资源。

（3）项目典型实用。本书既有典型实用的基础案例，也有选自平面设计、数码照片处理、景观设计、动漫设计领域的综合实战项目案例，便于读者借鉴学习。

（4）师资经验丰富。本书作者系湖南大众传媒职业技术学院教学经验丰富的教师，且都有丰富的设计行业工作经验，在书中融入了大量的实操经验及技巧，力求让学习者少走弯路。

（5）提供在线服务。加入《数字平面制作》在线课程学习，可以随时随地交流、答疑、解决问题。

本书内容

本书的内容分为 7 个模块。第 1 个模块讲图像编辑，主要偏重于 Photoshop 的基本操作方法及对工作区域、图层、色彩调整的初步认识；第 2 个模块讲色彩调整，主要偏重于调整图像的色彩；第 3 个模块讲图像修复，主要偏重于 Photoshop 修复工具组的使用方法，通过滤镜特效创作一些具有特殊效果的图片；第 4 个模块讲图像选择，主要偏重于使用套索工具组、橡皮擦工具组、色彩范围、通道、快速蒙版等工具选取图片以替换图片的背景；第 5 个模块讲图像绘制，主要偏重于文字工具、路径工具等绘制图片工具的实例讲解；第 6 个模块讲图像合成，主要偏重于 Photoshop 在各种不同的设计领域的灵活运用，为读者提供了创意及操作方面的学习思路；第 7 个模块是商业性强的综合实践项目，可按照专业方向选学。

本书可作为高等院校视觉传达、动漫等数字艺术及相关专业的教材使用，也可作为培训机构的教材使用。本书配套资源中收录了书中实例的视频教程、PPT 课件、图库资源及习题等，希望对读者有所帮助。

关于作者

本书由湖南大众传媒职业技术学院曾丹、周曦、谢蓓、胡蓉老师编著完成，他们长期扎根于教学一线，同时又有丰富的平面设计实践经验。他们团队曾获全国教师教学能力竞赛二等奖。他们团队共同探讨教材的指导思想、基本思路、体系结构、编写体例，合力完成本教材。其中，曾丹老师负责模块 1~5 的编写及

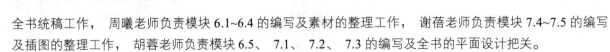

全书统稿工作，周曦老师负责模块 6.1~6.4 的编写及素材的整理工作，谢蓓老师负责模块 7.4~7.5 的编写及插图的整理工作，胡蓉老师负责模块 6.5、7.1、7.2、7.3 的编写及全书的平面设计把关。

作 者

2021 年 9 月

目录 · CONTENTS

模块 1 **图像编辑**...............................1

1.1 基本概述...............................2
  1.1.1 PS 是什么？...............................2
  1.1.2 PS 能做什么？...............................2
  1.1.3 PS 的安装与启动...............................2

1.2 工作界面...............................3
  1.2.1 菜单栏...............................4
  1.2.2 工具箱...............................4
  1.2.3 工具选项栏...............................4
  1.2.4 面板...............................4

1.3 基本操作...............................6
  1.3.1 新建文件...............................6
  1.3.2 打开文件...............................7
  1.3.3 存储文件...............................8
  1.3.4 关闭文件...............................10

1.4 图像大小...............................10
  1.4.1 实践：改变画布尺寸...............................10
  1.4.2 实践：改变图像尺寸...............................10
  1.4.3 项目：制作特定尺寸证件照...............................11
  1.4.4 裁剪工具...............................13
  1.4.5 项目：透视裁剪修正荣誉证书...............................14
  1.4.6 项目：裁切图像多余背景...............................16

1.5 查看图像...............................16
  1.5.1 实践：用缩放工具缩放显示图像...............................16
  1.5.2 实践：用抓手工具查看画面局部...............................17
  1.5.3 旋转视图工具...............................18
  1.5.4 使用导航器查看图像...............................18

1.6 辅助工具...............................19
  1.6.1 标尺...............................19
  1.6.2 参考线...............................19
  1.6.3 网格...............................20
  1.6.4 实践：给文档添加注释...............................20

1.7 旋转变形...............................21
  1.7.1 实践：给图像旋转出不同效果...............................21
  1.7.2 实践：变换与变形图像...............................23
  1.7.3 项目：共同战"疫"宣传效果图制作...............................26

1.8 颜色设置...............................27
  1.8.1 前景色与背景色...............................27
  1.8.2 拾色器...............................27
  1.8.3 实践：吸管选取颜色...............................27
  1.8.4 "颜色"面板...............................28
  1.8.5 "色板"面板...............................29

1.9 颜色填充...............................29
  1.9.1 快速填充...............................29
  1.9.2 填充命令...............................29
  1.9.3 油漆桶填充...............................29
  1.9.4 渐变填充...............................30

模块 2 **色彩调整**...............................32

2.1 色彩基础...............................33
  2.1.1 认识色彩...............................33
  2.1.2 颜色模式...............................33
  2.1.3 调色常用方法...............................34

2.2 快速调整...............................35
  2.2.1 自动调整色调/对比度/颜色...............................35
  2.2.2 实践：用"去色"命令去除图像颜色...............................35
  2.2.3 实践：用"照片滤镜"命令改变图像色调...............................36
  2.2.4 色调均化...............................36

2.3 调整色调...............................37
  2.3.1 自然饱和度...............................37

2.3.2　色相/饱和度 38
2.3.3　色彩平衡 39
2.3.4　黑白 39
2.3.5　项目：将彩色风景调成水墨图像 40
2.3.6　实践：用"通道混和器"调出特殊画面效果 ...41
2.3.7　颜色查找 43
2.3.8　可选颜色 43
2.3.9　实践：匹配图像颜色 44
2.3.10　项目：为淘宝服装换颜色 45

2.4　调整明暗 46
2.4.1　亮度/对比度 46
2.4.2　色阶 47
2.4.3　曲线 48
2.4.4　项目：用曲线打造暖色调 50
2.4.5　曝光度 52
2.4.6　阴影/高光 53

2.5　特殊调整 54
2.5.1　反相 54
2.5.2　实践：阈值打造黑白场景 54
2.5.3　项目：色调分离打造漫画场景 55
2.5.4　实践：用渐变映射打造装饰画效果 55
2.5.5　项目：模拟 HDR 色调效果 56

模块 3　图像修复 58

3.1　快速修图 59
3.1.1　实践：污点修复画笔去除痘痘 59
3.1.2　实践：修复画笔去除画面杂物 59
3.1.3　实践：修补工具去除黑天鹅 60
3.1.4　实践：内容感知移动工具移动图像 61
3.1.5　实践：修复照片中的红眼 62
3.1.6　实践：仿制图章重排飞鸟 63
3.1.7　图案图章工具 63
3.1.8　项目：历史记录画笔还原烈焰红唇 64
3.1.9　历史记录艺术画笔工具 65

3.2　局部修饰 65
3.2.1　实践：模糊工具处理景深效果 65
3.2.2　锐化工具 66
3.2.3　涂抹工具 66
3.2.4　减淡工具 66
3.2.5　加深工具 67
3.2.6　实践：海绵工具调整图像饱和度 67

3.3　图像美化 68

3.3.1　项目：美化人物照片 68
3.3.2　项目：去除杂乱背景 70

模块 4　图像选择 73

4.1　快速选取 74
4.1.1　选框工具组 74
4.1.2　项目：选择并遮住抠取头发 75
4.1.3　魔棒工具组 77
4.1.4　项目：快速选择换天空颜色 79
4.1.5　套索工具组 80
4.1.6　项目：色彩范围抠取成片花朵 81

4.2　选区编辑 82
4.2.1　取消与重新选择 82
4.2.2　全选 83
4.2.3　选区的反向 83
4.2.4　图层载入选区 83
4.2.5　实践：移动选区 83
4.2.6　选区的显示与隐藏 84
4.2.7　实践：变换选区 84
4.2.8　实践：描边选区 85
4.2.9　选区修改 86

4.3　橡皮擦抠图 87
4.3.1　橡皮擦工具 87
4.3.2　背景橡皮擦工具 88
4.3.3　魔术橡皮擦工具 88
4.3.4　项目：橡皮擦工具抠取透明纱裙 89

4.4　通道抠图 90
4.4.1　认识通道 90
4.4.2　颜色通道 90
4.4.3　Alpha通道 91
4.4.4　专色通道 91
4.4.5　项目：通道抠取长发人物 91
4.4.6　项目：通道抠虎换背景 93

4.5　快速蒙版抠图 96
4.5.1　认识快速蒙版 96
4.5.2　创建快速蒙版 96
4.5.3　编辑快速蒙版 97
4.5.4　项目：快速蒙版抠玩偶 97

模块 5　图像绘制 99

5.1　绘画工具 100

5.1.1 画笔工具 100
5.1.2 画笔设置 100
5.1.3 项目：为画面增添暗角 103

5.2 位图与矢量图 104
5.2.1 位图 104
5.2.2 矢量图 104

5.3 文字应用 105
5.3.1 文本创建 105
5.3.2 文本编辑 107
5.3.3 编辑字符 108
5.3.4 设置段落 111
5.3.5 文字变形与文本层 113
5.3.6 文字的其他几种常用操作 115
5.3.7 项目：制作火焰文字 116
5.3.8 项目：制作创意文字 121

5.4 路径编辑 125
5.4.1 认识路径 125
5.4.2 钢笔工具组 126
5.4.3 选择工具组 128
5.4.4 "路径"面板 129
5.4.5 形状工具组 129
5.4.6 项目：文字路径制作剪影效果 ... 131
5.4.7 项目：制作剪纸风格装饰画 ... 133

模块 6 图像合成 139

6.1 初识图层 140
6.1.1 认识"图层"面板 140
6.1.2 新建图层 141
6.1.3 栅格化图层 141
6.1.4 背景图层转换成普通图层 142
6.1.5 复制图层 142
6.1.6 实践：移动图像的位置 142
6.1.7 调整图层排序 143
6.1.8 删除图层 144
6.1.9 隐藏与显示图层 144
6.1.10 合并图层 145
6.1.11 导出图层内容 145
6.1.12 链接图层 145
6.1.13 项目：为房檐添加唯美背景图 ... 146
6.1.14 项目：动漫电影海报制作 147

6.2 图层混合模式 149

6.2.1 组合模式组 149
6.2.2 加深模式组 150
6.2.3 减淡模式组 150
6.2.4 对比模式组 151
6.2.5 比较模式组 152
6.2.6 色彩模式组 153
6.2.7 项目："我的中国梦"海报制作 ... 154

6.3 图层样式 157
6.3.1 添加/修改图层样式 157
6.3.2 清除图层样式 157
6.3.3 隐藏/显示图层样式 158
6.3.4 复制/粘贴图层样式 158
6.3.5 栅格化图层样式 159
6.3.6 斜面和浮雕 159
6.3.7 实践：描边文字 161
6.3.8 内阴影 162
6.3.9 内发光 163
6.3.10 光泽 164
6.3.11 颜色叠加 164
6.3.12 渐变叠加 165
6.3.13 图案叠加 165
6.3.14 外发光 166
6.3.15 投影 166
6.3.16 项目：乡村文化石效果图制作 ... 167

6.4 蒙版合成 169
6.4.1 认识蒙版 169
6.4.2 剪贴蒙版 169
6.4.3 项目：乡村宣传册封面设计与制作 ... 170
6.4.4 项目：乡村民宿装饰画制作 172
6.4.5 图层蒙版 174
6.4.6 项目：人物与风景创意合成 175
6.4.7 实践：矢量蒙版制作创意照片 ... 178

6.5 滤镜应用 179
6.5.1 认识滤镜 179
6.5.2 智能滤镜 179
6.5.3 使用滤镜库 179
6.5.4 自适应广角滤镜 180
6.5.5 项目：Camera Raw打造唯美画面 ... 181
6.5.6 镜头校正滤镜 184
6.5.7 项目：液化打造抽象背景 185
6.5.8 项目：消失点为宣传栏添加文字 ... 186
6.5.9 风格化滤镜组 188

6.5.10　模糊滤镜组 191

6.5.11　项目：制作移轴摄影效果 196

6.5.12　扭曲滤镜组 198

6.5.13　锐化滤镜组 201

6.5.14　视频滤镜组 203

6.5.15　像素化滤镜 203

6.5.16　渲染滤镜组 205

6.5.17　杂色滤镜组 208

模块 7　综合实践 211

7.1　项目："匠心"海报制作 212

7.2　项目：木锤酥包装效果图制作 217

7.3　项目：西餐厅宣传单设计与制作 223

7.4　项目：景观剖面图制作 226

7.5　项目：房地产景观节点分析图制作 246

01 02 03 04 05 06 07

图像编辑

1.1 基本概述

1.1.1 PS 是什么?

PS,全称为 Adobe Photoshop,是奥多比(Adobe)公司开发并发行的一款图像处理软件。Photoshop 拥有强大的图像处理工具和绘图工具,可以高效地进行图像编辑、图像修复与修饰、图像选取、图像绘制、合成与创意等图像处理工作。因其好学易用、功能完善、性能稳定,在几乎所有的广告、出版、设计公司中,Photoshop 都是首选的平面设计工具之一。本书将运用 Adobe Photoshop 2021 来进行学习。

1.1.2 PS 能做什么?

当前的设计行业有很多分支,包括平面设计、动漫设计、室内设计、景观设计、界面设计、服装设计、产品设计、游戏设计等。这些分支还可以继续细分,尤其是平面设计,还可以被细分为海报设计、书籍设计、包装设计、标志设计、名片设计等,这些设计工作都可以通过 Photoshop 来完成。

1.1.3 PS 的安装与启动

首先打开 Adobe 的官方网站 www.adobe.com/cn/,将页面拉至下方单击"下载和安装"按钮,如图 1.1 所示。接着在弹出的页面中找到 Ps 按钮,如图 1.2 所示。

下载所需版本的软件之后,按照提示进行安装即可。几乎每年 Photoshop 都会推出新的版本,也会不定时地更新部分功能,所以在不同的时间点,下载的软件版本可能不同。但是影响不大,相邻的版本之间,功能差别非常小。

成功安装 Photoshop 之后,在程序菜单中找到 Photoshop 选项或双击桌面上的 Photoshop 图标,都可启动 Photoshop,启动过程如图 1.3 所示。

读书笔记

图 1.1

图 1.2

图 1.3

1.2 工作界面

成功安装 Photoshop 之后，出现的工作界面主要包括菜单栏、工具选项栏、标题栏、工具箱、图像窗口、面板、状态栏等。编辑窗口的左侧是工具箱，右侧是面板，如图 1.4 所示。

图 1.4

1.2.1 菜单栏

Photoshop 的菜单栏位于界面顶部，包含多个菜单项，有"文件""编辑""图像"等 11 个菜单项，包含了 Photoshop 的主要功能。单击任意一个菜单项，将会弹出相应的下拉菜单，其中包括很多命令，选取任意一个即可实现相应的命令操作。在命令后还有一些英文字母组合，这些组合表示命令的快捷键，在键盘上直接按这些快捷键即可执行一些命令。对于菜单命令，本书采用"执行'图像 / 调整 / 色阶'命令"来表示，先单击菜单栏中的"图像"菜单项，接着将光标移至"调整"命令处，在弹出的子菜单中选择"色阶"命令，如图 1.5 所示。

1.2.2 工具箱

工具箱位于 Photoshop 工作界面的左侧，默认设置为一竖条，如图 1.6 所示。单击工具箱上方的 >> 按钮，可变为并列的两竖排，如图 1.7 所示。工具箱由多个小图标组成，每个小图标都是工具，包含用于创建和编辑图像、图稿、页面元素等的工具。相关工具将进行分组，包含 Photoshop 的各种图形绘制和图像处理工具，如对图像进行编辑、选择、移动、绘制、查看的工具，又如在图像中输入文字的工具等。大部

分工具的右下侧都有一个黑色的小三角，单击即可将与这个工具类似而又隐藏的工具显现出来。

1.2.3 工具选项栏

工具选项栏位于菜单栏的下方。在选择某个工具之后，工具选项栏会显示当前所选工具的选项。随所选工具的不同而变化，不同的工具需设置不同的参数，但有些参数对于几种工具都是通用的，如"羽化"参数项对于选框工具、椭圆工具、套索工具和磁性套索工具等都是通用的，而有些设置是某一种工具特有的。在工具选项栏中列出的通常是单选按钮、下拉菜单、参数数值框等。

1.2.4 面板

面板主要用来配合图像的编辑、对操作进行控制及设置参数等。在默认情况下，面板位于图像窗口的右侧。面板堆叠在一起，单击面板名称即可切换到相应的面板。将光标移至面板名称上，按住鼠标左键拖动，即可将面板与窗口分离。如果要将面板再堆叠在一起，可以拖动该面板到界面上方，当出现蓝色边框后释放鼠标，即可完成。

图 1.5   图 1.6   图 1.7

Photoshop 中有多个面板，但在实际工作中，频繁使用的只有其中几个，如"图层"面板、"通道"面板、"路径"面板、"历史记录"面板、"动作"面板、"画笔"面板等。通过在"窗口"菜单中选择相应的命令，即可将其打开或关闭。例如，执行"窗口 / 动作"命令，即可打开"动作"面板，如图 1.8 所示。

读书笔记

图 1.8

1.3 基本操作

1.3.1 新建文件

打开 Photoshop 之后，在起始页面单击"新建"按钮，如图 1.9 所示。或者执行"文件/新建"命令（Ctrl+N 快捷键）后，弹出"新建文档"对话框，如图 1.10 所示。该对话框分为 3 个部分，顶端是预设的尺寸选项卡；左侧是预设选项或最近使用过的项目；右侧是自定义选项设置区域。如果要新建一个 A4 空白文档，选择"打印"选项卡，然后在左侧列表框中选择 A4 选项，即可在右侧区域查看相应的尺寸。接着单击"创建"按钮，即可完成文件的新建。如果要制作比较特殊的尺寸，则需要进行自定义设置，直接在对话框右侧进行"宽度""高度"等参数的设置即可。

下面介绍一些常用参数。

◆ 宽度 / 高度：设置文件的宽度和高度，其单位有"像素""英寸""厘米""毫米""点""派卡"6 个选项。

◆ 分辨率：用来设置文件分辨率的大小，有"像素/英寸"和"像素/厘米"两种单位。新建文件时，文档的宽度和高度通常与实际印刷的尺寸相同（超大尺寸文件除外）。在不同情况下，对分辨率的要求会不一样。通常来说，图像的分辨率越高，印刷出来的质量就越好。一般设置印刷品的分辨率为 150 ～ 300dpi，高档画册、相册的分辨率为 350dpi 以上，$1m^2$ 以内大幅的喷绘广告的分辨率为 70 ～ 100dpi，巨幅喷绘的分辨率为 25dpi，多媒体显示图像的分辨率为 72dpi。当然，分辨率的数值并不是一成不变的，需要根据计算机及印刷精度等实际情况进行设置。

◆ 颜色模式：设置文件的颜色模式以及相应的颜色深度。

◆ 背景内容：设置文件的背景内容，有"白色""黑色""背景色""透明""自定义"5 个选项。

◆ 高级选项：展开该选项组，在其中可以进行"颜色配置文件"和"像素长宽比"的设置。

图 1.9

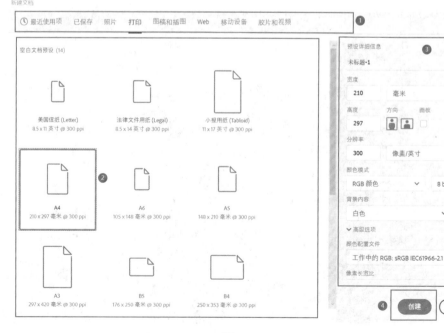

图 1.10

1.3.2 打开文件

在 Photoshop 中打开已有文件，有 4 种方法，如图 1.11 所示。

执行"文件 / 打开"命令（Ctrl+O 快捷键），如

图 1.12 所示。在弹出的窗口中找到文件所在的位置，单击选中需要打开的文件，接着单击"打开"按钮，如图 1.13 所示。也可以直接将图片拖入 Photoshop。打开文件的效果如图 1.14 所示。

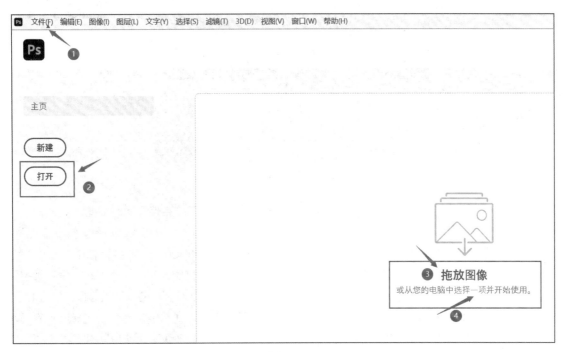

图 1.11

图 1.12

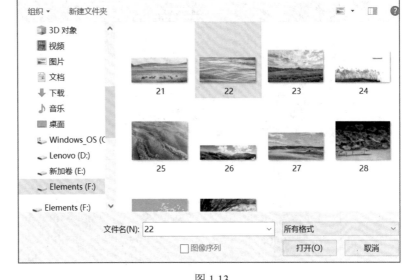

图 1.13

图 1.14

1.3.3 存储文件

在完成图像编辑操作后，需要对图像进行存储，大家要养成随时存盘的好习惯。保存文件主要有两种方法。

方法 1：通过"存储"命令。执行"文件 / 存储"命令（Ctrl+S 快捷键），即可对正在编辑的图像进行保存。需要注意的是，如果是还未进行过保存的新建文件，则会打开"存储为"对话框。

方法 2：通过"存储为"命令。执行"文件 / 存储为"命令（Shift+Ctrl+S 组合键），在弹出的"另存为"对话框中进行存储操作。注意，在"保存类型"下拉列表中可以看到有多种格式可供选择，如图 1.15 所示。但并不是每种格式都经常使用，选择哪种格式才是正确的呢？下面就来认识几种常见的图像格式。

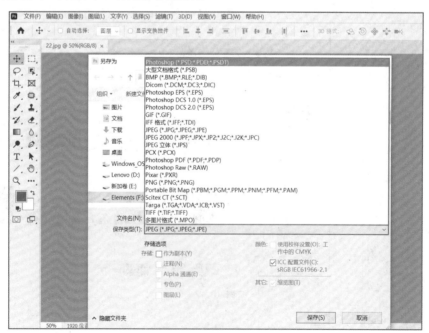

图 1.15

（1）PSD：Photoshop 源文件格式，保存所有图层内容。

在存储新建的文件时，Photoshop 默认的文件格式为 *.PSD、*.PDD、*.PSDT，其中 *.PSD 格式能够存储所有的图层、蒙版、通道、路径、未栅格化的文字、参考线、注释等。保存图像时，若图像中含有层，一般都采用 PSD 格式保存，以便随时进行修改。PSD 格式文件可以应用在多款 Adobe 软件中，在实际操作中也经常会直接将 PSD 格式文件导入 Illustrator、InDesign 等平面设计软件中。除此之外，After Effect、Premiere 等影视后期制作软件也可以使用 PSD 格式文件。

选择该格式，单击"保存"按钮，在弹出的"Photoshop 格式选项"对话框中选中"最大兼容"复选框，可以保证在其他版本的软件中能够正确打开该文档，接着单击"确定"按钮即可。也可以选中"不再显示"复选框，接着单击"确定"按钮，就可以每次都采用当前设置，并不再显示该对话框，如图 1.16 所示。

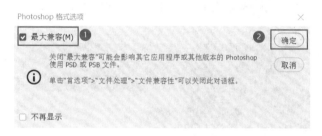

图 1.16

（2）GIF：动态图片，是输出图像到网页最常用的格式。

GIF 格式采用 LZW 压缩的格式，支持透明背景和动画，被广泛应用在网络中。常用于表情包、搞笑动图的制作。选择这种格式，在弹出的"GIF 存储选项"对话框中可以进行"调板""颜色"等设置。选中"透明度"复选框，可以保存图像中的透明部分，如图 1.17 所示。

（3）JPEG：最常用的图像格式，方便存储、浏览和上传。

JPEG 格式的图像通常用在图像预览和一些超文本文档中，最大的特色就是文件比较小，经过了高倍

率的压缩。JPEG 是目前所有格式中压缩率最高的格式之一，但在压缩过程中会以失真的方式丢掉一些数据，所以保存后的图像没有原图像质量好。

图 1.17

存储时选择 JPEG 格式，会将文档中的所有图层合并且进行一定压缩，存储为一个在绝大多数计算机、手机等电子设备上可以轻松浏览的图像格式。选择此格式并单击"保存"按钮之后，在弹出的"JPEG 选项"对话框中可以进行图像品质的设置。品质数值越大，图像质量越高，文件大小也就越大。设置完成后，单击"确定"按钮即可，如图 1.18 所示。

图 1.18

（4）PDF：电子书常用。

PDF 文件是由 Adobe Acrobat 软件生成的文件格式，该格式文件可以存有多页信息，其中包含文档、图形的查找和导航功能。使用该软件不需要排版

或图像软件即可获得图文混排的版面。PDF 格式支持 RGB、索引颜色、CMYK、灰度、位图和 Lab 颜色模式，并且支持通道、图层等数据信息，还支持 JPEG 和 Zip 的压缩格式。

（5）TIFF：高质量，保存通道和图层。

TIFF 格式应用特别广泛，支持 RGB、CMYK、Lab、indexed、color、位图模式和灰度的颜色模式，并且在 RGB、CMYK 和灰度 3 种颜色模式中还支持通道、图层和路径的功能。

（6）BMP：是一种 Windows 标准的位图式图形文件格式。

BMP 支持 RGB、索引颜色、灰度和位图颜色模式，但不支持 alpha 通道。

1.3.4 关闭文件

在编辑完成并保存图像文件之后，就需要关闭图像了。这里主要介绍 3 种关闭方法。

方法 1：通过"关闭"命令。执行"文件 / 关闭"命令（Ctrl+W 快捷键）或单击文档窗口右上角的关闭按钮，可以关闭当前文件，但不会关闭其他图像文件。

方法 2：通过"关闭全部"命令。执行"文件 / 关闭全部"命令（Ctrl+Alt+W 组合键），可关闭所有文件。

方法 3：通过"退出"命令。执行"文件 / 退出"命令或单击程序窗口右上角的关闭按钮，可以关闭并退出 Photoshop。

1.4 图像大小

画布和图像都具有高度和宽度参数，它们决定画布和图像的大小。画布和图像的尺寸及分辨率可以在新建文档时就确定下来，也可以后期再调整修改。

1.4.1 实践：改变画布尺寸

图像的显示区域被称为画布，改变画布的尺寸可以影响图像的显示情况。

执行"图像 / 画布大小"命令，打开"画布大小"对话框，将画布修改成大一些的效果，如图 1.19 所示，如果要将画面修改得小一些，则如图 1.20 所示。

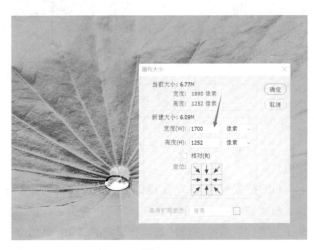

图 1.20

1.4.2 实践：改变图像尺寸

在图像处理中，经常遇到要调整图像大小的情况，Photoshop 的"图像 / 图像大小"命令可以对图像尺寸进行调整。

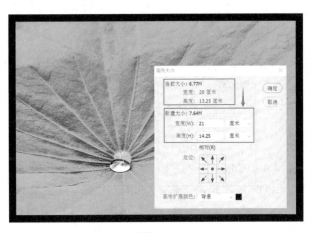

图 1.19

操作步骤：

Step 1 ▶ 打开需要调整的图片，执行"图像/图像大小"命令，如图 1.21 所示。

Step 2 ▶ 在弹出的对话框中，调整相关参数，直至符合你需要的像素尺寸要求即可，如图 1.22 所示。

图 1.21

图 1.22

小技巧

执行"图像/图像大小"命令后，下列任一操作都可以修改图像预览。

（1）要更改预览窗口的大小，请拖动"图像大小"对话框的一角并调整其大小。

（2）要查看图像的其他区域，请在预览内拖动图像。

（3）要更改预览的显示比例，请按住 Ctrl 键（Windows 系统）或 Command 键（Mac 系统）并单击"预览图像"，以增大显示比例。按住 Alt 键（Windows 系统）或 Option 键（Mac 系统）并单击以减小显示比例。单击之后，显示比例的百分比将简短地显示在预览图像的底部附近。

（4）要更改像素尺寸的度量单位，请单击"尺寸"附近的三角形并从菜单中选取度量单位。

（5）要保持最初的宽高度量比，请确保启用"约束比例"选项。如果要分别缩放宽度和高度，请单击"约束比例"图标以取消它们的链接。

！注意：

可以从"宽度"和"高度"文本框右侧的菜单中，选取度量单位以更改宽度和高度的度量单位。

1.4.3 项目：制作特定尺寸证件照

信息化时代，在网络上填写资料时，经常需要提交指定尺寸与大小的照片，若不符合要求就会上传失败。以下将把一张普通照片制作成 200KB 以内的 2 寸照片，文件格式要求为 JPEG。原图如图 1.23 所示。

图 1.23

操作步骤：

Step 1 ▶ 执行"文件/新建"命令，在弹出的"新建文档"对话框中选择"照片"中的"纵向，2×3"尺寸，"分辨率"设为"300 像素/英寸"，"颜色模式"设为"RGB 颜色"，单击"创建"按钮，如图 1.24 所示，完成新建一个 2 寸的空白文档。

Step 2 ▶ 执行"文件/置入嵌入对象"命令，如图 1.25 所示，选择素材文件，如图 1.26 所示。

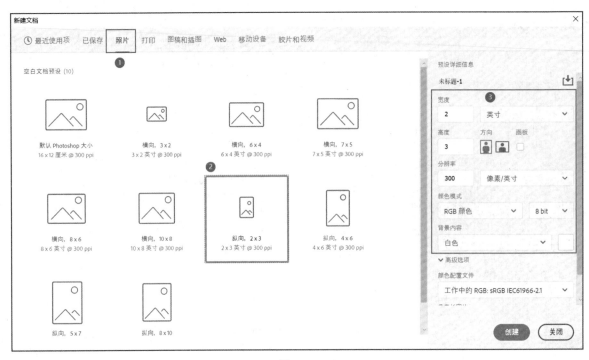

图 1.24

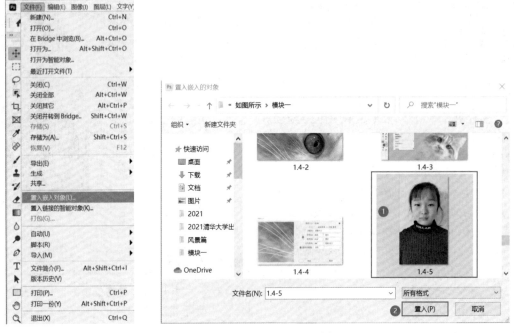

图 1.25   图 1.26

Step 3 ▶ 将人像素材置入文档中，如图 1.27 所示。   让人物图像置于画面合适的位置，如图 1.28 所示。
拖动调节框四角处控制点，等比例调整图片大小，   按 Enter 键确定之后，如图 1.29 所示。

Step 4 ▶ 执行"文件/存储"或"文件/存储为"命令，如图1.30所示。在弹出的对话框中设置"保存类型"为JPEG格式，单击"保存"按钮，如图1.31所示。弹出"JPEG选项"对话框，选中"预览"复选框，根据文件大小拖动"小文件"到"大文件"的滑块，确保图像大小符合要求，如图1.32所示，最后效果如图1.33所示。

图 1.27

图 1.28

图 1.29

图 1.30

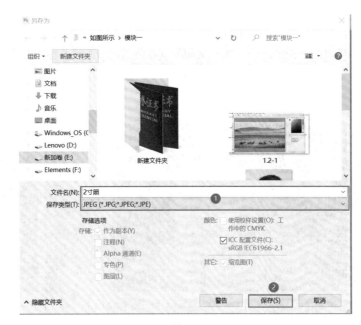
图 1.31

图 1.32

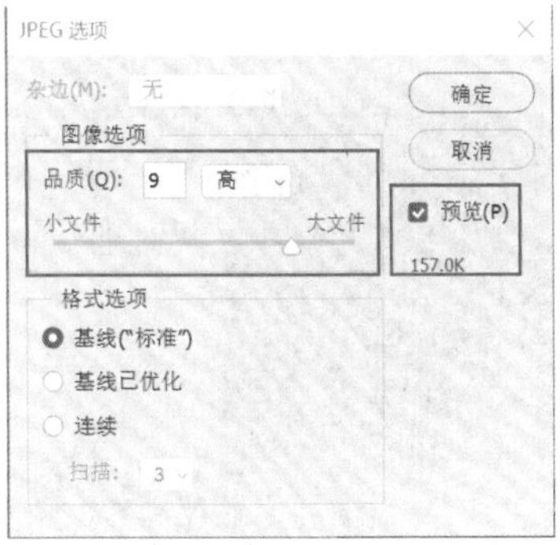

图 1.33

1.4.4 裁剪工具

裁剪工具，除了可以根据需要裁剪掉不需要的像素，还可以使用多种网络线进行辅助裁剪。在选择照片的某个区域后，可以移除或裁剪掉所选区域外的所有内容。选择裁剪工具（快捷键 C），如图1.34所示。

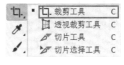
图 1.34

使用选项栏的自定义工具设置，可以获得需要的效果。设置裁剪工具的叠加选项，主要包括三等分、网格、对角、三角形、黄金比例、金色螺线 6 种构图原则，可以直接右击然后在快捷菜单中选择，也可以直接按 O 键顺序选择。在裁剪边框内，单击并拖动以调整图像的位置，然后拖动照片上出现的裁剪边框的角或边缘手柄，以指定裁剪边界，如图 1.35 所示。按 Enter 键即可裁剪照片。

在 Photoshop 的默认情况下进行裁剪操作时，裁剪掉的部分会以减淡的形式显示在画布上，而如果我们不需要它显示时，可以通过单击选项栏的"小齿轮"按钮激活下拉菜单，取消选中"显示裁剪区域"即可，或者通过按 H 键来切换显示或隐藏裁剪区域。

选择裁剪工具，图像上将出现 8 个节点的选框，四角上的节点可以进行比例缩放，每一边正中间的节点可在对应边的方向上进行缩放。拖动节点，将图片

的外轮廓线拖动到需要的位置，如图 1.36 所示。将鼠标移动到选框内双击或按 Enter 键，即可结束裁切，如图 1.37 所示。

图 1.35

图 1.36

图 1.37

1.4.5 项目：透视裁剪修正荣誉证书

有时会遇到临时需要上传或发送一些电子扫描图片的情况，但又不可能随时携带扫描仪，所以最方便的就是用手机拍摄照片。本项目素材为手机拍摄的荣誉证书的照片，如图 1.38 所示，我们需要运用 Photoshop 进行旋转和透视裁剪，从而获得一张漂亮而又不失真的图片。

图 1.38

操作步骤：

Step 1 ▶ 启动 Photoshop，打开素材图片，分析图片存在的问题。由于拍摄角度问题，图片中的荣誉证书出现了一定的倾斜，有一定透视关系，需要进行修正。

Step 2 ▶ 旋转调整图片。执行"图像 / 图像旋转 / 顺时针 90 度"命令，如图 1.39 所示，效果如图 1.40 所示。

图 1.39

Step 3 ▶ 透视裁剪修正角度。选择透视裁剪工具 ⊞（Shift+C 快捷键），如图 1.41 所示。

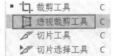

图 1.40   图 1.41

　根据荣誉证书的角度，单击鼠标依次拉出 4 个控制点，配合点与点之间的辅助线，使之与荣誉证书的透视相符，以完成一个透视裁剪框，如图 1.42 所示，按 Enter 键确定之后，效果如图 1.43 所示。这样就基本完成了荣誉证书的校正。

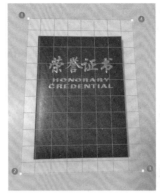

图 1.42   图 1.43

　如果需要去除背景，可以直接选择裁剪工具，拉出裁剪框，如图 1.44 所示。按 Enter 键确定之后，效果如图 1.45 所示。

图 1.44

图 1.45

1.4.6 项目：裁切图像多余背景

有一些单色背景的图片，场景比较大，如图 1.46

所示。这类图片可以用"裁切"命令快速将画面中具有相同像素的区域进行裁切，只保留画面主体，如图 1.47 所示。

图 1.46

图 1.47

操作步骤：

Step 1 ▶ 打开图片。

Step 2 ▶ 执行"图像 / 裁切"命令，如图 1.48 所示。

在弹出的"裁切"对话框中，选中"右下角像素颜色"单选按钮，选中"裁切"选项组中的全部复选框，如图 1.49 所示。单击"确定"按钮，效果如图 1.47 所示。

图 1.48

图 1.49

1.5 查看图像

在 Photoshop 中编辑图像文件时，有时需要放大或缩小画面，有时需要放大看局部细节，这些需求可以通过使用工具箱中的缩放工具和抓手工具实现。

1.5.1 实践：用缩放工具缩放显示图像

进行图像编辑时，放大、缩小画面主要使用缩放工具 🔍。工具选项栏如图 1.50 所示。

🔍 ⌄ | 🔍 🔍 | □ 调整窗口大小以满屏显示 □ 缩放所有窗口 ☑ 细微缩放 | 100% | 适合屏幕 | 填充屏幕

图 1.50

下面分别介绍各选项的主要功能。

◆ 调整窗口大小以满屏显示：选中该复选框后，在缩放窗口的同时将自动调整窗口的大小。

◆ 缩放所有窗口：如果当前打开了多个图像文件，选中该复选框后可以同时缩放所有打开的图像窗口。

◆ 细微缩放：选中该复选框后，在画面中按住鼠标左键并向左侧或右侧拖动鼠标，能够以平滑的方式快速放大或缩小窗口。

◆ 100%：单击该按钮，图像将以实际像素比例进行显示。

◆ 适合屏幕：单击该按钮，可以在窗口中最大化显示完整图像。

◆ 填充屏幕：单击该按钮，可以在整个屏幕范围内最大化显示完整图像。

小技巧

如果当前使用的是放大模式，按住 Alt 键可以切换到缩小模式；如果当前使用的是缩小模式，按住 Alt 键可以切换到放大模式。按 "Ctrl++" 快捷键可以放大窗口的显示比例；按 "Ctrl+-" 快捷键可以缩小窗口的显示比例；按 "Ctrl+0" 快捷键可以自动调整图像为按屏幕大小显示；按 "Ctrl+1" 快捷键可以按实际像素比例显示。

操作步骤：

Step 1 ▶ 打开图像素材（见图 1.51），选择缩放工具 🔍 。

图 1.51

Step 2 ▶ 在选项栏中选择放大模式 🔍 （Ctrl++ 快捷键），将光标移动到画面中单击，即可放大图像显示比例，多次单击继续放大，效果如图 1.52 所示。

图 1.52

Step 3 ▶ 在选项栏中选择缩小模式 🔍 （Ctrl+- 快捷键），将光标移动到画面中单击，即可缩小图像显示比例，多次单击继续缩小，效果如图 1.53 所示。

图 1.53

1.5.2 实践：用抓手工具查看画面局部

当画面显示比例比较大时，有些局部可能无法显示，这时可以使用抓手工具 ✋，在画面中按住鼠标左键，拖动到想要显示的部位。也可以直接按住 Space 键（空格键）快速切换到抓手工具状态，释放鼠标会自动切换回原来的工具。

数字平面制作——Photoshop **从入门到实践**

📖 操作步骤：

Step 1 ▶ 打开素材图片，如图 1.54 所示。

图 1.54

Step 2 ▶ 用放大工具将图片进行放大，直至显示不全，如图 1.55 所示。随后选择抓手工具，用鼠标单击画面往上拖动，平移显示想要显示的局部效果，如图 1.56 所示。

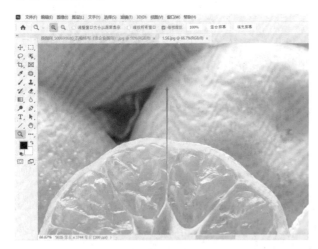

图 1.55

1.5.3 旋转视图工具

需要旋转画布时，在英文输入状态下，可以按 R 键选择，或者长按左侧工具栏的抓手工具，在弹出选项中选择旋转视图工具，然后就可以通过单击来旋转画布了。

如果想快速回到原来的角度，只需单击上方选项栏的"复位视图"选项。

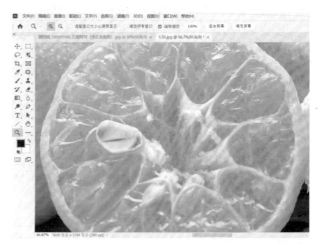

图 1.56

1.5.4 使用导航器查看图像

当图像没有显示完整时，可通过"导航器"面板对图像的隐藏部分进行查看。执行"窗口 / 导航器"命令，打开"导航器"面板。将光标置于缩略图上拖动，移动图像的位置，如图 1.57 所示。如果图片已是完整显示，将光标置于缩略图上，其不会变为抓手形状。

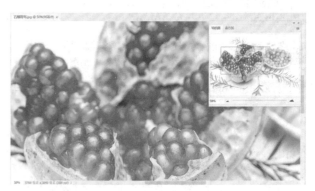

图 1.57

小技巧

在"导航器"面板下方拖动缩放滑块，可对图像进行缩放。向左拖动将缩小图像，向右拖动则放大图像。

1.6 辅助工具

在进行一些有标准尺寸要求的设计或绘制规则图形时，为了使制作更精准，可以使用如标尺、参考线、网格等辅助工具来辅助编辑图像。

1.6.1 标尺

标尺可以辅助固定图像或元素的位置，执行"视图 / 标尺"命令或按 Ctrl+R 快捷键，可在图像窗口顶部和左侧部分，分别显示水平和垂直标尺。再次按 Ctrl+R 快捷键，可隐藏标尺。显示标尺效果如图 1.58 所示。

在 Photoshop 2021 中，标尺的默认单位为厘米，在标尺上右击，在弹出的快捷菜单中可以更改标尺单位。

1.6.2 参考线

在图像处理过程中，为了让制作的图像更加精确，可以使用参考线辅助工具实现。在图像输出时，参考线并不会和图像一起输出。显示标尺后，将光标移动到水平标尺上，向下拖动即可绘制一条绿色的水平参考线；若将光标移动到垂直标尺上，向右拖动即可绘制垂直参考线，效果如图 1.59 所示。执行"视图 / 清除参考线"命令，可以将所有参考线清除，也可以用移动工具一条条地拖出画面。

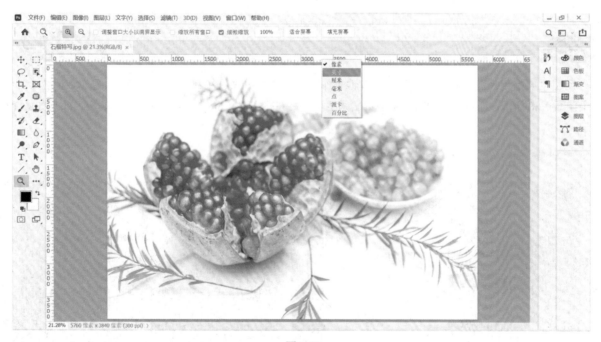

图 1.58

读书笔记

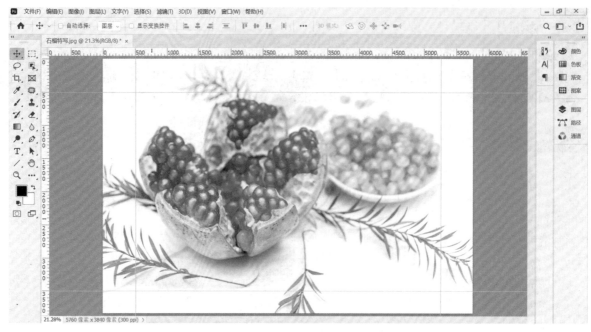

图 1.59

1.6.3 网格

网格主要是用来查看图像的，并辅助其他操作以纠正错误的透视关系。执行"视图 / 显示 / 网格"命令，效果如图 1.60 所示，即可在图像窗口中显示出网格。网格在输出时，同样不会和图像一起输出，效果如图 1.61 所示。

图 1.60　　　　　　　　　　　　　　　　　　　　　　　　　图 1.61

1.6.4 实践：给文档添加注释

使用注释工具，可以在图像中的任意区域添加注释，或在其属性栏中设置作者名字。

操作步骤:

Step 1 ▶ 打开需要添加注释的文件, 选择注释工具, 如图 1.62 所示。

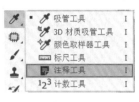

图 1.62

Step 2 ▶ 在需要添加注释处单击,在打开的"注释"面板中输入注释内容, 如图 1.63 所示。

若图像中有多个注释,可在"注释"面板中单击向左或向右箭头按钮,循环显示各注释内容。

图 1.63

1.7 旋转变形

在设计过程中,图像素材并不都符合制作需要,有时候还需要对其大小、方向、位置等进行调整,Photoshop 中有翻转、变换、变形、移动等操作,可以完成细节调整。

1.7.1 实践:给图像旋转出不同效果

在 Photoshop 中提供了 6 种旋转图像的命令。

操作步骤:

Step 1 ▶ 打开素材图片, 如图 1.64 所示。 然后执行如图 1.65 所示的 "图像 / 图像旋转 /180 度" 命令,效果如图 1.66 所示。

Step 2 ▶ 打开素材图片,执行 "图像 / 图像旋转 / 顺时针 90 度" 命令, 效果如图 1.67 所示。

Step 3 ▶ 打开素材图片,执行 "图像 / 图像旋转 / 逆时针 90 度" 命令, 效果如图 1.68 所示。

读书笔记

图 1.64

图 1.65

图 1.66

图 1.69

图 1.67

图 1.70

图 1.68

图 1.71

Step 4 ▶ 打开素材图片，执行 "图像 / 图像旋转 / 任意角度" 命令，弹出的对话框如图 1.69 所示。角度调整为 45 度，单击 "确定" 按钮，效果如图 1.70 所示。

Step 5 ▶ 打开图片，执行 "图像 / 图像旋转 / 水平翻转画布" 命令，效果如图 1.71 所示。

Step 6 ▶ 打开图片，执行 "图像 / 图像旋转 / 垂直翻转画布" 命令，效果如图 1.72 所示。

图 1.72

1.7.2 实践：变换与变形图像

在 Photoshop 中提供了多种用于变换的命令，如"编辑"菜单下的"变换""自由变换""内容识别缩放""操控变形"等，如图 1.73 所示。

图 1.73

下面分别介绍一些变换命令的子命令及其功能。

◆ 缩放：可以相对于变换对象的中心点，对图像进行缩放。执行"编辑 / 变换 / 缩放"命令，按住鼠标左键并拖动定界框上、下、左、右边框上的控制点，即可进行等比例放大或缩小的操作，如图 1.74 所示。按住 Alt 键并拖动控制点，可以由外向中心点等比例缩放，如图 1.75 所示。如果要进行不是等比例的变换，可以按住 Shift 键并拖动控制点，如图 1.76 所示。

图 1.74

图 1.75

图 1.76

◆ 旋转：可以围绕中心点转动变换对象。执行"编辑/变换/旋转"命令，将光标移动至4个角控制点处的任意一个控制点上或图像的外围，如图1.77所示。当其变为弧形双箭头形状后，按住鼠标左键拖动，即可进行旋转，效果如图1.78所示。

变换状态下右击，在弹出的快捷菜单中选择"扭曲"命令，然后按住鼠标左键并拖动任意一个控制点，都会出现扭曲效果。如果拖动上、下控制点，可以进行水平方向的扭曲。拖动左、右控制点，可以进行垂直方向的扭曲，具体效果如图1.82～图1.85所示。

图 1.77　　　　　图 1.78

◆ 斜切：可以在任意方向上倾斜图像。在自由变换状态下（Ctrl+T快捷键）右击，在弹出的快捷菜单中选择"斜切"命令，然后按住鼠标左键并拖动控制点，即可看到变换效果，如图1.79～图1.81所示。

 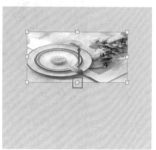

图 1.82　　　　　图 1.83

图 1.84　　　　　图 1.85

◆ 透视：可以对变换对象应用单点透视。在自由变换状态下右击，在弹出的快捷菜单中选择"透视"命令，然后拖动任何一个控制点都可以产生透视效果，效果如图1.86～图1.88所示。

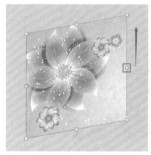 

图 1.79　　　　　图 1.80

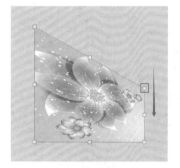

图 1.81

◆ 扭曲：可以在各个方向上扭曲变换对象。在自由

图 1.86

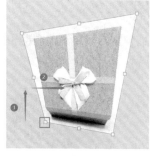

图 1.87　　　　　　　　　图 1.88

◆ 变形：可以对图像的局部内容进行变形。在自由变换状态下右击，在弹出的快捷菜单中选择"变形"命令，拖动控制点进行变形，还可以使用变形网格线，拖动网格线也能进行变形，如图 1.89和图 1.90 所示。

◆ 旋转特定角度：可以对图像进行特定角度的旋转。在"变换"的子菜单中包含"旋转 180 度""顺时针旋转 90 度""逆时针旋转 90 度" 3 个特定角度的旋转命令，原图及效果如图 1.91～图 1.94 所示。

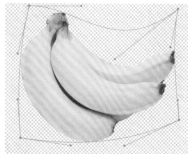

图 1.89　　　　　　　图 1.90　　　　　　　图 1.91

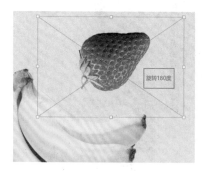
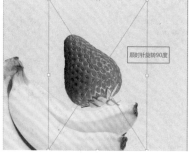
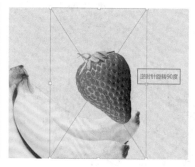

图 1.92　　　　　　　图 1.93　　　　　　　图 1.94

◆ 水平／垂直翻转：可以对图像进行水平或垂直翻转，如图 1.95 所示，水平翻转的效果如图 1.96 所示，垂直翻转的效果如图 1.97 所示。

图 1.95　　　　　　　图 1.96　　　　　　　图 1.97

1.7.3 项目：共同战"疫"宣传效果图制作

疫情期间，设计师们做了很多战疫海报，那么我们该如何把海报制作宣传效果图呢？

操作步骤：

Step 1 ▶ 打开素材图片，如图 1.98 和图 1.99 所示。

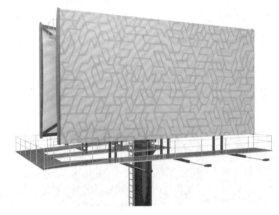

图 1.98

图 1.100

图 1.99

图 1.101

Step 2 ▶ 选择移动工具，将海报图片拖至展示架图片中，执行"编辑/变换/缩放"命令，将图像缩小至合适位置，效果如图 1.100 所示。

Step 3 ▶ 右击，在弹出的快捷菜单中选择"斜切"命令，分别拉动海报左边的两个控制点直至与展示架左边的两个点重合，如图 1.101 所示。按 Enter 键确认，效果如图 1.102 所示。

读书笔记 ▶

图 1.102

1.8 颜色设置

1.8.1 前景色与背景色

前景色和背景色的设置按钮 在 Photoshop 工具箱的底部。通过该组按钮可以观察到当前使用的前景色 / 背景色，也可以通过该组按钮设置前景色 / 背景色。在默认情况下，前景色为黑色，背景色为白色。前景色 / 背景色的设置是常使用到的操作，单击前景色 / 背景色的图标，即可弹出"拾色器"对话框选取一种颜色作为前景色 / 背景色。单击"切换前景色和背景色"图标 ，可以切换所设置的前景色和背景色（快捷键为 X）。单击"默认前景色和背景色"图标 ，可以恢复默认的前景色和背景色（快捷键为 D）。

前景色通常用于绘制图像、填充和描边选区等，背景色常用于生成渐变填充和填充图像中已抹除的区域。一些特殊滤镜也需要使用前景色和背景色，例如"纤维"滤镜和"云彩"滤镜等。在 Photoshop 工具箱的底部，有一组前景色和背景色设置按钮。

前景色 / 背景色还可以在"色板"和"颜色"面板中设置。

1.8.2 拾色器

使用拾色器可以精确地选择需要的色彩，在 Photoshop 中经常会使用拾色器设置颜色。在拾色器中，可以选择用 HSB、RGB、Lab 和 CMYK 4 种颜色模式来指定颜色。其使用方法非常简单，首先需要在"颜色滑块"中确定当前颜色的可选范围，然后在"色域"中单击即可选定颜色，单击"确定"按钮即可完成选择。如果想要精确地设置颜色，直接在"颜色值"区域输入数值即可，如图 1.103 所示。

下面分别介绍"拾色器"的一些相关选项功能。

◆ 色域 / 所选颜色：在色域中拖动鼠标，可以改变当前拾取的颜色。

◆ 新的 / 当前：在"新的"颜色块中显示的是当前所设置的颜色；在"当前"颜色块中显示的是上一次使用过的颜色。

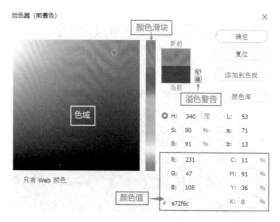

图 1.103

◆ 溢色警告：由于 HSB、RGB 和 Lab 颜色模式中的一些颜色在 CMYK 印刷模式中没有等同的颜色，所以无法准确印出来，这些颜色就是常说的"溢色"。出现警告以后，可以单击警告图标下面的小颜色块，将颜色替换为 CMYK 颜色。

◆ 非安全 Web 安全色警告：这个警告图标表示当前所设置的颜色不能在网络上准确地显示出来。单击警告图标下面的小颜色块，可以将颜色替换为与其最接近的 Web 安全色。

◆ 颜色滑块：拖动颜色滑块可以更改当前可选的颜色范围。在使用色域和颜色滑块调整颜色时，对应的颜色数值会发生相应的变化。

◆ 颜色值：显示当前所设置颜色的数值，可以通过输入数值设置精确的颜色。

◆ 只有 Web 颜色：选中该复选框后，只在色域中显示 Web 安全色。

◆ 添加到色板：单击该按钮，可以将当前所设置的颜色添加到"色板"面板中。

◆ 颜色库：单击该按钮，可以打开"颜色库"对话框。

1.8.3 实践：吸管选取颜色

使用吸管工具，可以拾取图像中的任意颜色，作为前景色 / 背景色。

操作步骤：

Step 1 ▶ 选择吸管工具，在如图 1.104 所示的吸管工具选项中，可以在 "取样大小" 下拉列表框中设置吸管取样范围的大小。选择"取样点"选项时，可以选择像素的精确颜色。选择"3×3平均"选项时，可以选择所在位置 3 个像素区以内的平均颜色。选择 "5×5平均" 选项时，可以选择所在位置 5 个像素区域以内的平均颜色。其他选项以此类推。在"样本"下拉列表框中可以设置从 "当前图层" 或 "所有图层" 中采集颜色。选中"显示取样环"复选框后，

可以在拾取颜色时显示取样环。

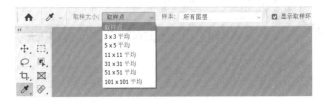

图 1.104

Step 2 ▶ 在画面中单击，即可将当前颜色设置为前景色，如图 1.105 所示。按住 Alt 键单击吸取，可将当前颜色设置为背景色，如图 1.106 所示。

图 1.105

图 1.106

1.8.4 "颜色" 面板

执行 "窗口 / 颜色" 命令，打开 "颜色" 面板。如图 1.107 所示为当前设置的前景色和背景色，可以在该面板中设置前景色和背景色。如图 1.108 所示为选择 RGB 滑块吸色改变前景色的效果。如图 1.109 所示为选择 CMYK 滑块吸色改变前景色的效果。如图 1.110 所示为建立 Web 安全曲线改变前景色的效果。

图 1.107

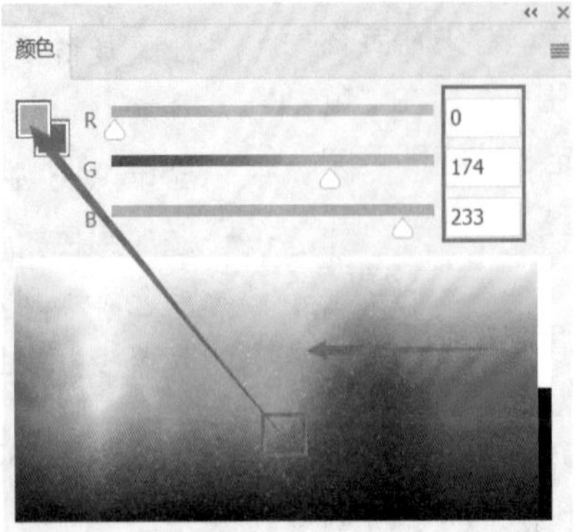

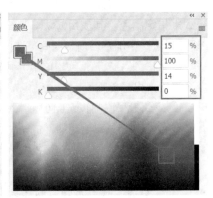

图 1.108

图 1.109

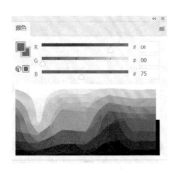

图 1.110

1.8.5 "色板"面板

"色板"面板可以用于调用颜色、存储颜色、管理颜色。执行"窗口 / 色板"命令，打开"色板"面板，单击右上角的菜单按钮，可以弹出下拉列表，如图 1.111 所示。单击相应的颜色，即可将其设置为前景色。按住 Alt 键单击，即可设置为背景色。

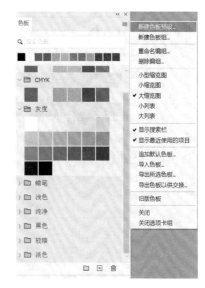

图 1.111

1.9 颜色填充

1.9.1 快速填充

填充前景色可以使用快捷键：Alt+Delete。
填充背景色可以使用快捷键：Ctrl+Delete。

1.9.2 填充命令

使用"填充"命令，可为整个图层或图层中的一个区域进行填充。

执行"编辑 / 填充"命令（Shift+F5 快捷键），在弹出的"填充"对话框中，首先需要设置填充的"内容"，然后可以设置当前填充内容与该图层上像素的"混合"，如图 1.112 所示。未被栅格化的图层、智能图层、3D 图层则不能执行填充命令。

图 1.112

1.9.3 油漆桶填充

使用油漆桶工具，可以在图像中填充前景色或图案。右击工具箱中的"渐变工具"选项，在弹出的子菜单中选择油漆桶工具。在油漆桶工具的选项栏中，首先需要在填充模式的下拉列表框中选择"前景"或"图案"选项，如果选择"前景"选项，则使用当前的前景色进行填充；如果选择"图案"选项，则可以从右侧的工具图案列表中选择一个合适图案，如图 1.113 所示。

下面分别介绍油漆桶工具选项栏中各选项的功能。

◆ 模式：用来设置填充内容的混合模式。
◆ 不透明度：用来设置填充内容的不透明度。
◆ 容差：用来定义必须填充的像素的选项范围。
◆ 消除锯齿：平滑填充选区的边缘。

图 1.113

◆ 连续的：选中该复选框后，只填充图像中处于连续范围内的区域；取消选中该复选框后，可以填充图像中所有相似的像素。

◆ 所有图层：选中该复选框后，可以对所有可见图层中的合并颜色数据填充像素；取消选中该复选框后，仅填充当前选择的图层。在画面中单击，即可填充。如果对空图层进行填充，那么将填充整个画面。对于有内容的图层，填充的就是与鼠标单击处颜色相近的区域。

读书笔记 ▶

1.9.4 渐变填充

渐变工具可以在整个文档或选区内填充渐变色，并且可以创建多种颜色间的混合效果。渐变工具的应用非常广泛，它不仅可以填充图像，还可以用来填充图层蒙版、快速蒙版和通道等。

选择渐变工具 ◾，其选项栏如图 1.114 所示。首先需要在选项栏中单击"渐变颜色条"，编辑一种渐变颜色；然后设置合适的渐变类型；接着设置混合模式、不透明度等选项参数；设置完毕后，在画面中按住鼠标左键并拖动光标，即可进行填充，如图 1.115 所示。

图 1.114

下面分别介绍渐变工具选项栏各选项功能。

◆ ▬▬ 渐变颜色条：显示了当前的渐变颜色，单击右侧的倒三角图标，弹出对话框，如图 1.116

所示，可选择颜色。如果直接单击渐变颜色条，则会弹出"渐变编辑器"对话框，在该对话框中可以编辑渐变颜色或保存渐变等，如图 1.117 所示。

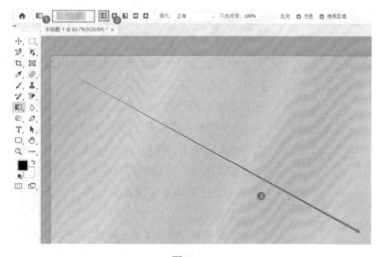

图 1.115 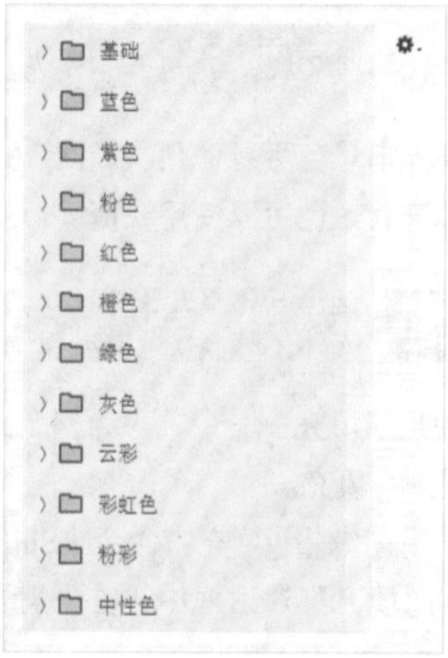　　　　　　　　　　图 1.116

◆ ▫▫▫▫ 渐变类型：单击"线性渐变"按钮 ◾，可以以直线方式创建从起点到终点的渐变，如图 1.118 所示；单击"径向渐变"按钮 ◾，可以以圆形方式创建从起点到终点的渐变，如图 1.119 所示；单击"角度渐变"按钮 ◾，可以创建围绕起点以逆时针扫描方式的渐变，如图 1.120 所示；

单击"对称渐变"按钮 ◾，可以使用均衡的线性渐变在起点的任意一侧创建渐变，如图 1.121 所示；单击"菱形渐变"按钮 ◾，可以以菱形方式从起点向外产生渐变，终点定义为菱形的一个角，如图 1.122 所示。

图 1.117

◆ **模式**：用来设置应用渐变时的混合模式。
◆ **不透明度**：用来设置渐变色的不透明度。
◆ **反向**：转换渐变中的颜色顺序，得到反方向的渐变结果。
◆ **仿色**：选中该复选框时，可以使渐变效果更加平滑。
◆ **透明区域**：选中该复选框时，可以创建包含透明像素的渐变。
◆ **渐变编辑器**：除了在使用渐变工具时能够使用到之外，在"渐变叠加"图层样式以及形状图层的填充描边设置中，也能使用到。渐变编辑器主要用来创建、编辑、管理、删除渐变。打开渐变编辑器后，首先可以在"预设"中选择合适的渐变预设，如果不满意，可以通过调整色标改变渐变效果，如图 1.123 所示。

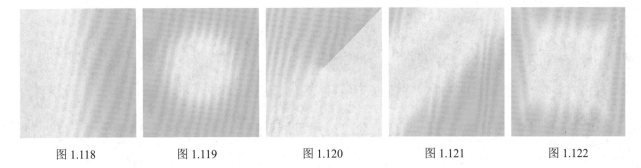

| 图 1.118 | 图 1.119 | 图 1.120 | 图 1.121 | 图 1.122 |

不透明度色标 ——
色标起点 ——
设置色标不透明度 ——
设置色标颜色 ——

—— 色标终点
—— 设置色标位置

—— 设置不透明色标位置

图 1.123

渐变存储起来，以备后续调用。

"渐变类型"包含"实底"和"杂色"两种。"实底"渐变是非常常用的渐变方式，其中"平滑度"参数用于设置渐变色的平滑程度，拖动不透明度色标可以移动它的围绕位置起止。在"色标"选项组可以精确设置色标的不透明度和位置。"杂色"渐变包含了在指定范围内随机分布的颜色，其颜色变化效果更加丰富。

读书笔记

在"预设"选项组中，显示了 Photoshop 预设的渐变效果。单击菜单按钮，可以载入 Photoshop 预设的一些渐变效果，单击"导入"按钮可以载入外部的渐变资源；单击"新建"按钮可以将当前选择的

模块 2

01 **02** 03 04 05 06 07

色彩调整

2.1 色彩基础

2.1.1 认识色彩

　　色彩是能够感知物体存在的最基本的视觉元素。当我们在观察一件事物时，首先映入眼帘的就是事物表面的色彩。色彩是光的实际反映，在自然界中有很多颜色，但所有的颜色都是由红、绿和蓝 3 种颜色调和而成的，下面介绍几个基本概念。

◆ 饱和度：也称纯度，即颜色的鲜艳程度，受颜色中灰色的相对比例影响，黑、白和其他灰色色彩没有饱和度。

◆ 明度：又称亮度，指色彩的明暗程度，通常用 0% ~ 100% 表示。在彩色体系中，明度最高的是柠檬黄。明度可用黑、白表示，越接近白色明度越高，越接近黑色明度越低。

◆ 对比度：指不同颜色的差异程度，对比度越大，两种颜色之间的差异就越大。

2.1.2 颜色模式

　　在 Photoshop 中，颜色模式分为位图模式、灰度模式、双色调模式、索引颜色模式、RGB 颜色模式、CMYK 颜色模式、Lab 颜色模式和多通道模式。执行"图像 / 模式"命令，即可弹出下拉菜单，如图 2.1 所示。部分模式图片显示效果如图 2.2 所示。

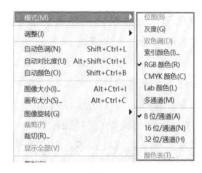

图 2.1

图 2.2

这些颜色模式的特点如下。

◆ 位图模式：它只有黑和白两种颜色，可以由扫描或置入黑色的矢量线条图像生成，也能由灰度模式或多通道模式转换而成。其他图像模式不能直接转换为位图模式。使用这种模式可以简化图像中的颜色，从而缩小文件。

◆ 灰度模式：是一种标准的颜色模式。灰度模式中每一个图像都有一个 0（黑色）～ 255（白色）的亮度值。在 8 位图像中，图像最多有 256 个亮度级，而在 16 位和 32 位图像中，图像的亮度级更多。当彩色图像转换为灰度模式时，将删除图像中的色相及饱和度，只保留亮度。Photoshop 几乎所有的功能都支持灰度模式。我们平常所说的黑白照片、黑白电视，实际上都应该称为灰度照片、灰度电视才确切。灰度色中不包含任何色相，即不存在红色、黄色这样的颜色。灰度隶属于 RGB 色域（色域指色彩范围）。

◆ 双色调模式：双色调模式不是单个的图像模式，而是一个分类。它仅仅是单色调、双色调、三色调和四色调的一个统称。双色调模式只有一个通道。双色调模式和位图模式一样，也只有灰度模式才能转换。它在印刷行业中较常使用。

◆ 索引颜色模式：索引颜色模式是 8 位颜色深度模式，最多只能拥有 256 种颜色，它采用一个颜色表存放并索引图像中的颜色。如果原图像中的一种颜色没有出现在查照表中，程序会选取已有颜色中最相近的颜色或使用已有颜色模拟该种颜色。它只支持单通道图像，因此，我们通过限制调色板、索引颜色来减小文件大小，同时保持视觉上的品质，多用于多媒体动画或网页。

◆ RGB 颜色模式：RGB 颜色模式是 Photoshop 中最常用、最重要的一个模式，也是默认的颜色模式。Photoshop 的全部功能都支持它，因为 Photoshop 就是以它为基础而开发的。RGB 颜色模式是相加的模式，通过对 R（红）、G（绿）、B（蓝）3 个颜色通道的变化以及它们相互之间的叠加，得到各种各样的颜色，RGB 即是代表红、绿、蓝 3 个通道的颜色。当 R（红）、G（绿）、B（蓝）的值都达到最大值时，三色合成便成白色。

若三色值皆为 0 时，合成结果是纯黑色。

◆ CMYK 颜色模式：CMYK 颜色模式广泛应用于印刷业，在制作用于印刷打印的图像时，应使用 CMYK 颜色模式。C 代表青色，M 代表洋红色，Y 代表黑色。当 C、M、Y 三值达到最大值时，在理论上应为黑色，但因颜料的关系，实际上呈现的不是黑色，而是深褐色。为弥补这个缺陷，加进了黑色 K。由于加了黑色，CMYK 共有 4 个通道，对于同一个图像文件来说，CMYK 颜色模式比 RGB 颜色模式的信息量要大四分之一。但 RGB 颜色模式的色域范围比 CMYK 颜色模式大，因为印刷颜料在印刷过程中不能重现 RGB 色彩。

◆ Lab 颜色模式：Lab 颜色模式是 24 位颜色深度的图像模式，有 3 个通道。L 通道是亮度通道（Lightness），a 和 b 为色彩通道。它的特点在于，一是色域范围最广，就色域范围而言，它和 RGB 及 CMYK 颜色模式的关系为 Lab > RGB > CMYK；二是此模式下的图像是独立于设备外的，它的颜色不会因不同的印刷设备、显示器和操作平台而改变。由于它有以上优点，当 Photoshop 把 RGB 颜色模式和 CMYK 颜色模式互相转换时，Lab 成为中间模式，颜色信息就不会因以上两模式的色域范围不同而丢失。Lab 颜色模式不能转换为索引颜色模式。Photoshop 的大部分功能不支持 Lab 颜色模式。

◆ 多通道模式：多通道模式是把含有通道的图像分割成单个的通道。当 CMYK 颜色模式转为多通道模式时，生成的通道为青色、洋红色、黄色和黑色 4 个通道。当 Lab 颜色模式转为多通道模式时，将生成 3 个 Alpha 通道。

2.1.3 调色常用方法

在 Photoshop 中，图像色彩的调整主要有两种形式。一种是执行"图像/调整"菜单下的命令，如图 2.3 所示。另一种是使用调整图层，在"图层"面板下方单击"创建新的填充或调整图层"按钮，如图 2.4 所示。调整图层与调整命令类似，都可以对图像的色彩进行调整。不同的是，调整命令每次只能对一个图层进行调整，而调整图层会影响该图层及以下图层的效果，可以重复修改参数并且不会破坏原图层。调整图层作为"图层"，还具备图层的相关属性。

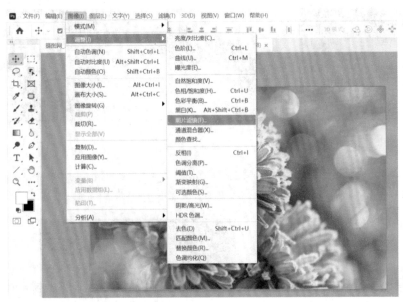

图 2.3

图 2.4

2.2 快速调整

2.2.1 自动调整色调／对比度／颜色

在"图像"调整菜单中，包含 3 个不需要进行参数设置的命令，如图 2.5 所示。它们通常用于校正图片的明显偏色、对比度过低、颜色暗淡等常见问题。

图 2.5

3 个命令具体功能如下。

◆ 自动色调（Shift+Ctrl+L 组合键）：快速校正图片的黑场和白场，与"色阶"中的自动是一样的。

◆ 自动对比度（Shift+Ctrl+Alt+L 组合键）：自动调整图像中颜色的整体对比度，使图像中最暗的像素和最亮的像素映射为黑色和白色，使暗调区域更暗而高光区域更亮，从而增大了图像的对比度。该命令针对色调较全的图像效果明显，对于单色或者色调不丰富的图像几乎不起作用。

◆ 自动颜色（Shift+Ctrl+B 组合键）：将图像中的暗调、中间调和亮度像素分布进行对比度和色相的调节，将中间调均化并修整白色和黑色的像素。

2.2.2 实践：用"去色"命令去除图像颜色

"去色"命令可以直接将图像中的颜色去掉，使其成为灰度图像。

我们有时需要将彩色照片变为黑白照片，这在 Photoshop 中实现非常简单。打开图像，如图 2.6 所示。执行"图像／调整／去色"命令（Shift+Ctrl+U 组合键），即可将其调整为灰度效果的图像，如图 2.7 所示。

图 2.6

图 2.7

2.2.3 实践：用"照片滤镜"命令改变图像色调

"照片滤镜"命令可以快速调整通过镜头传输的光的色彩平移、色温和胶片曝光，以改变照片颜色的倾向。

有时候因设计需要，要将图像调整为某一特定色调，可以通过 Photoshop 中的"照片滤镜"命令来完成。打开图片，如图 2.8 所示，执行"图像 / 调整 / 照片滤镜"命令，弹出的对话框如图 2.9 所示，调整参数，即可得到如图 2.10 所示的效果。

图 2.10

图 2.8

2.2.4 色调均化

"色调均化"命令可以将图像中最亮的颜色变为白色，最暗的颜色变为黑色。中间调分布在整个灰度范围内。

打开如图 2.11 所示的图片，选择椭圆选框工具，在画面中建立一个选区，执行"图像 / 调整 / 色调均化"命令，弹出的对话框如图 2.12 所示，调整参数，最终效果如图 2.13 所示。

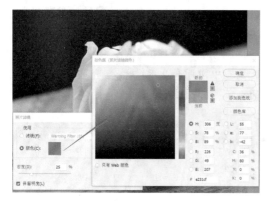

图 2.9

图 2.11

图 2.12　　　　　　　　　　　　　　　图 2.13

2.3 调整色调

2.3.1 自然饱和度

　　"自然饱和度"命令可以针对图像的饱和度，对图像进行调整。其相对于"色相/饱和度"命令，能更有效地控制由于颜色过于饱和而出现的溢色现象。

　　打开素材图片，如图 2.14 所示。执行"图像/调整/自然饱和度"命令，弹出的对话框如图 2.15 所示。

图 2.14

图 2.15

　　向左拖动"自然饱和度"滑块，可以降低颜色的饱和度，如图 2.16 所示。向右拖动"自然饱和度"滑

块，可以增强颜色的饱和度，如图 2.17 所示。

图 2.16

图 2.17

　　向左拖动"饱和度"滑块，可以降低所有颜色的饱和度，如图 2.18 所示。向右拖动"饱和度"滑块，可以增强所有颜色的饱和度，如图 2.19 所示。

图 2.18

图 2.19

2.3.2 色相/饱和度

通过对图像的色相、饱和度和亮度进行调整，可以达到改变图像色彩的目的，也可以为黑白图像上色。执行"图像/调整/色相/饱和度"命令，弹出"色相/饱和度"对话框（Ctrl+U 快捷键），如图 2.20 所示。

图 2.20

下面介绍一下各选项功能。

◆ 预设：下拉列表中预设了 8 种"色相/饱和度"的预设，如图 2.21 所示。

图 2.21

◆ 全图：指对图像中所有的颜色进行调整。右边的下拉列表可以设置需要调整的色彩范围，如图 2.22 所示。单一的颜色指仅对该颜色进行调整。

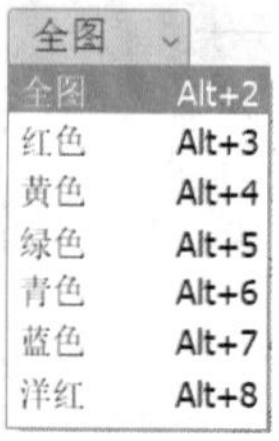

全图	∨
全图	Alt+2
红色	Alt+3
黄色	Alt+4
绿色	Alt+5
青色	Alt+6
蓝色	Alt+7
洋红	Alt+8

◆ 色相：拖动滑块可以改变颜色。

图 2.22

◆ 饱和度：向左拖动滑块降低饱和度，向右拖动滑块增强饱和度。

◆ 明度：拖动滑块可以调整图像的明度。

◆ 着色：选中该复选框后会将彩色图像自动转换成单一色调的图像。如果前景色是黑色，图像转成红色色调，否则图像转成当前前景色色调。通过拖动 3 个滑块，可以调整图像的色调。

◆ 吸管工具：可以吸取图像中的颜色。但要使用吸管工具，一定要先在编辑下选中某一种颜色。

调整"色相"和"饱和度"后，图片的效果如图 2.23 所示。选中"着色"复选框后，效果如图 2.24 所示。

图 2.23

图 2.24

原图

增强洋红

图 2.26　　　　　　图 2.27

增强绿色

增强蓝色

图 2.28　　　　　　图 2.29

2.3.3　色彩平衡

"色彩平衡"命令用于调整图像整体的色彩平衡，在彩色图像中改变颜色的混合。主要根据颜色的补色原理，要减少某个颜色就增加这个颜色的补色。若图像有明显的偏色，可用此命令纠正，也可以调整出某一色调的图像。

执行"图像 / 调整 / 色彩平衡"命令（Ctrl+B 快捷键），弹出"色彩平衡"对话框，如图 2.25 所示。在对话框中一共有 3 对互补色，分别是青色和红色、洋红和绿色、黄色和蓝色。在色彩平衡的调整中，如果要增加某种颜色，就把滑块向该方向拖动，如果要减少某种颜色，则向相反方向拖动。选中"保持明度"复选框，可以在调整色彩平衡时保持图像的亮度不变。具体可见如图 2.26 ～图 2.29 所示的效果图。

2.3.4　黑白

"黑白"命令既可以将图像从彩色转换为有层次感的黑白图像，也可以将图像转换为带颜色的单色图像。

执行"图像 / 调整 / 黑白"命令（Shift+Ctrl+Alt+B 组合键），弹出黑白对话框，如图 2.30 所示。

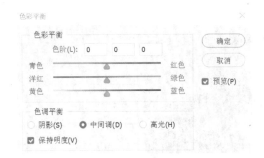

图 2.25

读书笔记

图 2.30

对话框中的各选项作用如下。

◆ 预设：在该下拉列表中预设了12种黑白图像效果，如图2.31所示，可直接对图像进行调整。

◆ 颜色：其中的6个颜色调整选项分别用于调整图像中的颜色。当数值变小时，图像中对应的颜色将变暗；数值变大时，图像中对应的颜色将变亮。

◆ 色调/色相/饱和度：选中"色调"复选框后，可在对话框的下方调整"色相"和"饱和度"，可创建单色图像。

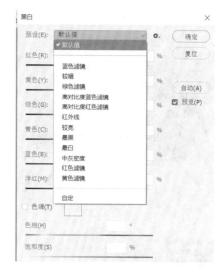

图 2.31

2.3.5 项目：将彩色风景调成水墨图像

有些时候我们需要一些单色调的图片,这种需求可以通过"黑白"命令来实现。素材图片如图2.32所示，最终效果如图2.33所示。

图 2.32

图 2.33

操作步骤：

Step 1 ▶ 打开蓝色风景图片，如图2.32所示，执行"图像/调整/黑白"命令弹出对话框，该图片以蓝色为主，我们主要调整其蓝色和青色滑块，如图2.34所示，让画面层次更丰富一些。

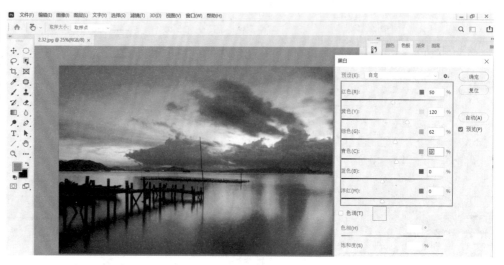

图 2.34

Step 2 ▶ 选中"色调"复选框,如图 2.35 所示,调整"色相"和"饱和度",使其变成蓝灰色调的水墨效果图片。

图 2.35

2.3.6 实践:用"通道混和器"调出特殊画面效果

"通道混和器"命令可以对图像的某一个通道的颜色进行调整,调整出各种不同色调的效果。

操作步骤:

Step 1 ▶ 打开素材图片,如图 2.36 所示,执行"图像/调整/通道混和器"命令弹出对话框,Photoshop 预设了6种效果,单击任何一种都将变成灰色调效果。"预设"选择"自定","输出通道"选择"蓝","源通道"用来设置源通道在输出通道中所占的百分比。向左拖动滑块可以减小该通道在输出通道中所占的百分比,向左拖动"绿色"滑块,出现如图 2.37 所示的效果。

Step 2 ▶ 向右拖动"绿色"和"蓝色"滑块,出现如图 2.38 所示的效果。

Step 3 ▶ 选中"单色"复选框,画面变成灰色调,如图 2.39 所示。

图 2.36

读书笔记 ▶

图 2.37

图 2.38

图 2.39

2.3.7 颜色查找

"颜色查找"可以使画面的颜色在不同的设备之间，精确地传递和再现。执行"图像/调整/颜色查找"命令，弹出的对话框如图 2.40 所示。对话框中用于颜色查找的方式分为 3DLUT 文件、摘要和设备链接，在每种方式的下拉列表中选择合适的类型，将会看到图像的颜色产生各种不同风格的效果。选择如图 2.41 所示的类型，对比效果如图 2.42 和图 2.43 所示。

图 2.40

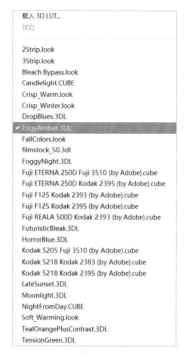

图 2.41

图 2.42

图 2.43

2.3.8 可选颜色

"可选颜色"命令可以修改通道中每种主要颜色的印刷色数量，也可以在不影响其他主要颜色的情况下，对需要调整的主要颜色的印刷色进行调整。

执行"图像/调整/可选颜色"命令，弹出的对话框如图 2.44 所示，其中各选项的作用如下。

◆ 颜色：用于选择调整颜色的通道，选择颜色通道后在其下方可对通道中的青色、洋红、黄色、黑色的印刷色数量进行调整。

◆ 方法：用于选择调整颜色的方法。选中"相对"单选按钮，可根据颜色总量的百分比修改印刷色数量。选中"绝对"单选按钮，可采用绝对值来调整颜色。

将 2.45 所示图片执行"可选颜色"命令后，效果如图 2.46 所示。

图 2.44

图 2.45

图 2.46

2.3.9 实践：匹配图像颜色

"匹配颜色"命令可以匹配不同的图像、多个图层及多个选区之间的颜色。在设计过程中，遇到要将不同色调的图片排在一个版面上但色调不搭的情况，就可以将它们进行颜色匹配。

（1）打开两张素材图片，如图 2.47 和图 2.48 所示。

图 2.47

图 2.48

（2）在以图 2.47 为当前文件的情况下，执行"图像 / 调整 / 匹配颜色"命令打开"匹配颜色"对话框，如图 2.49 所示。"源"选择与之相匹配的图像 2.48.jpg，最终效果如图 2.50 所示。

图 2.50

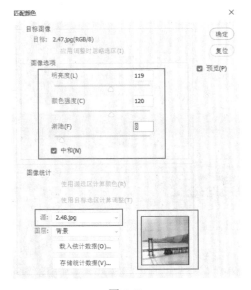

图 2.49

2.3.10 项目：为淘宝服装换颜色

"替换颜色"命令是"色彩范围"和"色相 / 饱和度"的综合命令。通过"色彩范围"命令把图像中要替换颜色的部分选中，再用"色相 / 饱和度"命令改变颜色。

淘宝上的服装产品，相同款式下有很多不同的颜色可选，拍摄一款之后可以直接通过"替换颜色"命令完成颜色替换。原图与效果图如图 2.51 ～图 2.53 所示。

图 2.51

图 2.52

图 2.53

操作步骤：

Step 1 ▶ 打开原图，如图 2.51 所示的绿色服装图片。执行"图像 / 调整 / 替换颜色"命令打开"替换颜色"对话框，按如图 2.54 所示的设置，替换颜色为蓝色，

效果图如图 2.52 所示。

Step 2 ▶ 打开绿色服装图片。执行"图像 / 调整 / 替换颜色"命令打开"替换颜色"对话框，按如图 2.55 所示的设置，替换颜色为红色，效果图如图 2.53 所示。

图 2.54

图 2.55

2.4 调整明暗

2.4.1 亮度/对比度

"亮度/对比度"命令可以对图像中的色调区域进行调整，且操作步骤简单，但调整图像颜色的效果不够精确。打开如图 2.56 所示的图像，执行"图像/调整/亮度/对比度"命令，打开"亮度/对比度"对话框，在其中可对图像的色调进行调整，效果如图 2.57 所示。

图 2.56

图 2.57

"亮度 / 对比度"对话框中各选项的作用如下。

◆ 亮度：用于设置图像的整体亮度，将滑块向左拖动可降低图像亮度，反之则增加图像亮度。

◆ 对比度：用于设置亮度对比的强烈程度，数值越大，对比越强。

◆ 使用旧版：选中"使用旧版"复选框，可得到与 Photoshop CS3 以前的版本相同的调整结果。

◆ 自动：单击该按钮，Photoshop 将根据图像自动调整。

2.4.2 色阶

"色阶"是指图像像素的亮度值，它有 256 个等级，范围是 0 ～ 255。色阶值越大，像素越亮；色阶值越小，像素越暗。可以使用"色阶"命令调整图像的阴影、中间调和高光的强度级别，从而校正图像的色调范围

及色彩平衡。"色阶"直方图可用作调整图像基本色调的直观参考。

执行"图像 / 调整 / 色阶"命令弹出"色阶"对话框（Ctrl+L 快捷键），如图 2.58 所示。

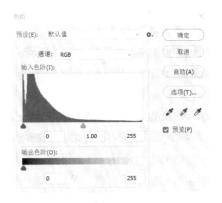

图 2.58

"色阶"对话框中各选项的作用如下。

◆ 预设：在该下拉列表中可以选择一种预设的色阶进行调整，预设种类如图 2.59 所示。

图 2.59

◆ 通道：选择要调整的颜色通道。

◆ 输入色阶：用于调整图像阴影、中间色调和亮光。左数值框用来设置图像的阴影色调，低于该值的像素将变为黑色，取值范围为 0 ～ 253；中间数值框用来设置图像的中间色调，取值范围为 0.10 ～ 9.99；右数值框用来设置图像的高光色调，高于该值的像素将变为白色，取值范围为 2 ～ 255。

◆ 输出色阶：用于调整图像的亮度和对比度。向右拖动控制条上的黑色滑块，可以降低图像暗部对比度从而使图像变亮；向左拖动白色滑块，可以

降低图像亮部对比度从而使图像变暗。

◆ 自动：单击"自动"按钮，Photoshop 将自动调整图像的色阶，使图像的亮度分布更加匀称。

◆ 选项：单击"选项"按钮，在打开的"自动颜色校正选项"对话框中可对单色、每个通道、深色和浅色的算法等进行设置。

◆ 在图像中取样以设置黑场：单击 ✐ 按钮后，使用鼠标在图像中单击，可以将单击处所选的颜色调整为黑色。

◆ 在图像中取样以设置灰场：单击 ✐ 按钮后，使用鼠标在图像中单击，可以将单击处所选的颜色调整为中间调的平均亮度。

◆ 在图像中取样以设置白场：单击 ✐ 按钮后，使用鼠标在图像中单击，可以将单击处所选的颜色调整为白色。

图 2.60 ～图 2.63 为调整效果。

图 2.62

图 2.63

图 2.60

2.4.3 曲线

"曲线"功能非常强大，使用它不仅可以进行图像明暗的调整，还可以对图像的亮度、对比度和色调进行调整。其具备"亮度/对比度""色彩平衡""阈值""色阶"等命令的功能。通过调整曲线的形状，可以设置曲线的走向，使用鼠标在曲线上单击并拖动，可以添加多个节点，如果要删除节点，只需要把节点拖动到曲线外即可。

执行"图像/调整/曲线"命令（Ctrl+M 快捷键），打开"曲线"对话框，如图 2.64 所示。

"曲线"对话框中各选项的作用如下。

◆ 预设：在该下拉列表框中可选择预存的 9 种曲线的预设效果，如图 2.65 所示。图 2.66 所示为彩色负片效果，图 2.67 所示为反冲效果，图 2.68

图 2.61

所示为较暗效果。

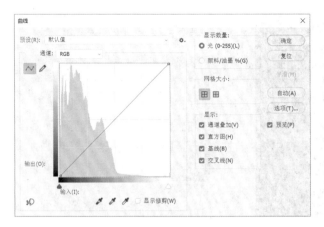

图 2.64

图 2.67

图 2.65

图 2.68

图 2.66

◆ **预设选项**：单击按钮，在弹出的下拉列表中，可以将当前调整的曲线数据保存为预设，也可载入新的曲线预设。

◆ **通道**：用于选择使用哪个颜色通道调整图像的颜色。

◆ **编辑点以修改曲线**：单击 ∿ 按钮，用户可在曲线上单击添加新的控制点。添加控制点后拖动，即可调整曲线的形状，从而调整图像颜色，如图 2.69 所示。曲线的横坐标是初始的亮度，曲线的纵坐标是调整后的亮度。若将曲线上的点向上拉，它的纵坐标就大于横坐标了，即调整后的亮度大于调整前的亮度，图像变亮；反之将曲线上的点向下拉，调整后的亮度小于调整前的亮度，图像变暗；如果将曲线的暗部向下拉，亮部向上拉，形成 S 形曲线，可使暗部更暗，亮部更亮，从而增加图像的对比度。

◆ **通过绘制修改曲线**：单击 ✐ 按钮，用户可通过手绘的方式自由地绘制曲线，效果如图 2.70 所示，绘制好后还可以单击 ∿ 按钮，查看绘制的曲线。

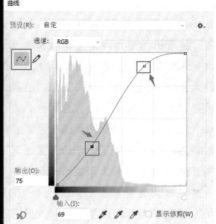

图 2.69

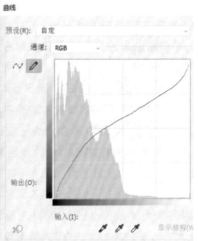

图 2.70

◆ **平滑**：单击 ✐ 按钮后再单击"平滑"按钮，可对绘制的曲线进行平滑操作。

◆ **输入**：用于输入色阶，显示调整前的像素值。

◆ **输出**：用于输出色阶，显示调整后的像素值。

◆ **自动**：单击"自动"按钮，可对图像应用自动色调、自动对比度、自动颜色的操作及校对颜色。

◆ **选项**：单击"选项"按钮，打开"自动颜色校正选项"对话框，在该对话框中可设置单色、深色、浅色等算法。显示数值用于设置调整框中的显示方式。

◆ **通道叠加**：选中"通道叠加"复选框，在调整框中显示颜色通道。

◆ **直方图**：选中"直方图"复选框，可在曲线上显示直方图以方便参考。

◆ **基线**：选中"基线"复选框，可显示基线曲线的对角线。

◆ **交叉线**：选中"交叉线"复选框，可显示确定点的精确位置的交叉线。

2.4.4 项目：用曲线打造暖色调

本项目中，我们将一张普通的图片通过"曲线"命令打造成暖色调效果，对比效果如图 2.71 和图 2.72 所示。

▤ 操作步骤：

Step 1 ▶ 将素材图片打开。 执行 "图像 / 调整 / 曲线" 命令，在弹出的对话框中设置 "通道" 为 RGB，单击添加控制点， 向上拖动以提高画面的亮度，如图 2.73 所示，单击 "确定" 按钮。

Step 2 ▶ 再在 "曲线" 对话框中设置 "通道" 为 "红"， 红色是暖色调的常用色， 画面偏绿偏冷，给画面添加点红色。单击添加控制点，向上拖动以增加画面的红色成分， 如图 2.74 所示， 单击 "确定" 按钮。

图 2.71   图 2.72

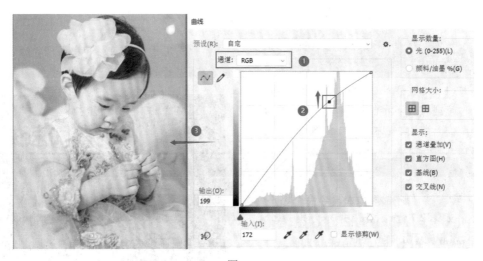

图 2.73

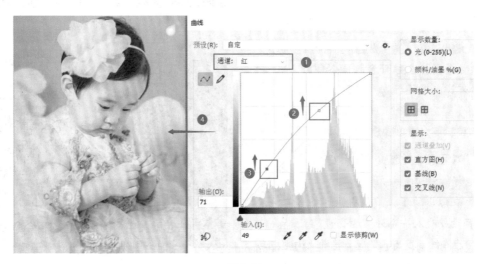

图 2.74

Step 3 ▶ 接着在 "曲线" 对话框中设置 "通道" 为 "绿"。画面背景为绿色, 怎么看都还有些偏冷, 再给画面减少一点绿色成分。单击添加控制点, 向下拖动, 画面的绿色成分明显减少, 红色成分增多, 如图 2.75 所示。

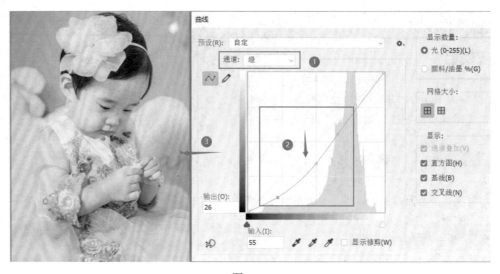

图 2.75

2.4.5 曝光度

在拍摄照片时, 可能会因为光线和快门速度等原因, 造成曝光过度或曝光不足的情况。若曝光过度, 则图像整体颜色偏白; 若曝光不足, 则图像整体颜色偏黑。当需要解决图像曝光度问题时, 可选择 "曝光度" 命令进行调整。

执行 "图像 / 调整 / 曝光度" 命令弹出对话框, 如图 2.76 所示。如图 2.77 ~ 图 2.79 所示分别为曝光正常、曝光过度及曝光不足的图片。

图 2.76

"曝光度" 对话框中各选项的作用如下。

◆ **预设**: 包含了 4 种曝光效果。
◆ **预设选项**: 在弹出的下拉菜单中, 可将当前的设置设定为预设或载入一个外部的预设。
◆ **曝光度**: 用于降低或提高曝光度, 将滑块向左拖动时曝光度降低; 将滑块向右拖动时曝光度增大。

◆ **位移**: 用于设置阴影和中间调的颜色, 且不会影响高光的颜色。

图 2.77

图 2.78

图 2.79

2.4.6 阴影 / 高光

"阴影 / 高光"命令常用于还原图像阴影区域过暗或高光区域过亮而造成的细节损失。在调整阴影区域时，对高光区域的影响很小，而调整高光区域又对阴影区域的影响很小。"阴影 / 高光"命令可以基于阴影 / 高光中的局部相邻像素来校正每个像素。

执行"图像 / 调整 / 阴影 / 高光"命令，弹出"阴影 / 高光"对话框，如图 2.80 所示。调整图像阴影效果如图 2.81 和图 2.82 所示。

图 2.80

"阴影 / 高光"对话框中各选项的作用如下。

◆ **阴影**："数量"选项用来控制阴影区域的亮度，值越大，阴影区域就越亮。"色调"选项用来控

制色调的修改范围，值越小，修改的范围就只针对较暗的区域。"半径"选项用来控制像素是在阴影中，还是在高光中。

图 2.81

图 2.82

◆ **高光**："数量"选项用来控制高光区域的黑暗程度，值越大，高光区域越暗。"色调"选项用来控制色调的修改范围，值越小，修改的范围就只针对较亮的区域。"半径"选项，用来控制像素是在阴影中，还是在高光中。

◆ **调整**："颜色"选项用来调整已修改区域的颜色。"中间调"选项用来调整中间调的对比度。"修剪黑色"和"修剪白色"决定了在图像中将多少阴影和高光剪到新的阴影中。

◆ **存储默认值**：如果要将对话框中的参数设置为默认值，可以单击该按钮，存储为默认值。之后再次打开"阴影 / 高光"对话框时，就会显示该参数。

2.5 特殊调整

2.5.1 反相

"反相"命令可以查看图像的负片效果。可以将图像中的某种颜色转换为它的补色，例如将原来的黑色变成白色，将原来的白色变成黑色，从而创建出负片效果。

执行"图像/调整/反相"命令（Ctrl+I 快捷键），可得到反相效果。"反相"命令是一个可以逆向操作的命令，例如对一幅图像执行"反相"命令创建出负片效果，再次对负片图像执行"反相"命令，又会得到初始的图像。反相效果如图 2.83 和图 2.84 所示。

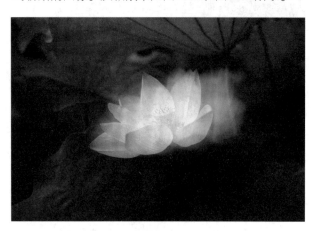

图 2.83

图 2.84

2.5.2 实践：阈值打造黑白场景

"阈值"是基于图片亮度的一个黑白分界值。在 Photoshop 中使用"阈值"命令，会删除图像中的色彩信息，将其转换为只有黑、白两种颜色的图像。

打开图像，如图 2.85 所示。执行"图像/调整/阈值"命令，在打开的"阈值"对话框中拖动直方图下面的滑块或输入"阈值色阶"数值，可以指定一个色阶作为阈值，如图 2.86 所示。比阈值亮的像素将转换为白色，比阈值暗的像素将转换为黑色，效果如图 2.87 所示。

图 2.85

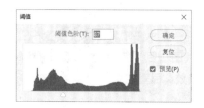

图 2.86

图 2.87

2.5.3 项目: 色调分离打造漫画场景

可以通过为图像设定色调数目来减少图像的色彩数量,图像中多余的颜色会映射到最接近的匹配级别,使用"色调分离"命令,能够制作出矢量风格的效果。

操作步骤:

Step 1 ▶ 打开场景图片,如图2.88所示。执行"图像/调整/曲线"命令,打开"曲线"对话框,如图2.89所示,将画面稍微提亮。

图 2.90

图 2.88

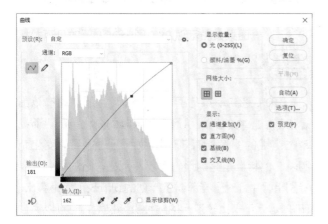

图 2.91

图 2.89

Step 2 ▶ 执行"图像/调整/色调分离"命令,弹出"色调分离"对话框,设置如图2.90所示,此时画面出现了漫画感的场景效果,最终效果如图2.91所示。

2.5.4 实践: 用渐变映射打造装饰画效果

"渐变映射"主要是先将图像转换为灰度图像,然后将相等的图像灰度范围映射到指定的渐变填充色,就是将渐变色映射到图像上。

读书笔记 ▶

操作步骤:

Step 1 ▶ 打开素材图片，如图 2.92 所示。

图 2.92

Step 2 ▶ 执行"图像/调整/渐变映射"命令，打开"渐变映射"对话框，设置如图 2.93 所示。

图 2.93

Step 3 ▶ 选中"反向"复选框后，反转渐变的填充方向，映射出的渐变效果发生变化，确定后的效果如图 2.94 所示。

图 2.94

Step 4 ▶ 执行"图像/调整/曲线"命令，打开"曲线"对话框，设置如图 2.95 所示，调整画面明暗，最后的效果如图 2.96 所示。

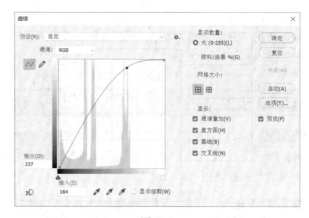

图 2.95

图 2.96

2.5.5 项目：模拟 HDR 色调效果

HDR 是高动态范围的英文缩写，所谓动态范围是指某一景物的光线从最亮到最暗的变化范围，而高动态范围的图像拥有普通图像所无法达到的变化范围。它的特点是亮的地方可以特别亮，暗的地方可以特别暗，并且对于亮部以及暗部的细节表现尤为突出。HDR 是近年来比较流行的一种摄影技术，也可以通过 Photoshop 模拟 HDR 效果。

读书笔记

操作步骤：

Step 1 ▶ 打开一张图像，如图 2.97 所示。

图 2.97

Step 2 ▶ 执行"图像/调整/HDR 色调"命令，打开"HDR 色调"对话框，在该对话框中可以使用绿色预设选项，也可以自行设定参数，如图 2.98 所示。

Step 3 ▶ 最终效果如图 2.99 所示。

图 2.98

图 2.99

读书笔记 ▶

03

01 02 04 05 06 07

图像修复

3.1 快速修图

3.1.1 实践: 污点修复画笔去除痘痘

去除人物面部比较明显的痘痘，可以用污点修复画笔工具 。它可以快速移去照片中的污点或某个对象。不需要定义取样点，只需要确定需要修复的图像位置，调整好画笔大小，移动鼠标就会在需要修复的位置自动匹配，比较实用。

图 3.1

操作步骤:

Step 1 ▶ 打开人物图片，如图 3.1 所示，选择污点修复画笔工具，设置好画笔大小，如图 3.2 所示。

图 3.2

Step 2 ▶ 在痘痘处单击即可去除，效果如图 3.3 所示。

图 3.3

3.1.2 实践: 修复画笔去除画面杂物

修复画笔工具 可以使用图像中的像素作为样本进行修复。需要定义取样点，按 Alt 键取样，然后在污点处涂抹，就会在污点位置自动匹配，其选项栏如图 3.4 所示，其中部分选项作用如下。

◆ 模式: 在下拉列表中可以设置修复图像的混合模式。有"替换""正片叠底""滤色""变暗""变亮""颜色""明度"等模式。其中，"替换"模式比较特殊，它可以保留画笔描边的边缘处的杂色、胶片颗粒和纹理，修复效果更加真实。

图 3.4

◆ 源: 设置用于修复的像素的源。选择"取样"，可以从图像的像素上取样；选择"图案"，则可在图案下拉列表中选择一个图案作为取样，效果类似于用图案图章工具绘制图案。

◆ 对齐: 选中该复选框，会对像素进行连续取样，在修复过程中，取样点会随修复位置的移动而变化；取消选中该复选框，则在修复过程中始终以一个取样点为起始点。

◆ 样本: 用于设置从指定的图层中进行数据取样，如果要从当前图层及其下方的可见图层中取样，可以选择"当前和下方图层"；如果仅从当前图层中取样，可选择"当前图层"；如果要从所有可见图层中取样，可选择"所有图层"。

操作步骤：

Step 1 ▶ 打开图片，如图 3.5 所示，下面要将图片中的两个热气球去除。

图 3.5

Step 2 ▶ 按住 Alt 键，鼠标单击如图 3.6 所示的部位取样。

图 3.6

Step 3 ▶ 鼠标在图 3.7 所示的区域中按照云彩的位置

进行涂抹，最终效果如图 3.8 所示。

图 3.7

图 3.8

3.1.3 实践：修补工具去除黑天鹅

修补工具可以利用样本或图案，修改有明显裂痕、污点等有缺陷或需要更改的图像。工具选项栏如图 3.9 所示，其中部分选项作用如下。

图 3.9

◆ 选区创建方式：可以直接拉取需要修复的选区，也可以任意建立选区的方式建立选区。

◆ 修补：创建选区，选中"源"时，拉取污点选区到完好区域，实现修补。选择状态为"目标"时，选取足够盖住污点区域的选区并拖动到污点区域，盖住污点以实现修补。

◆ 透明：选中该复选框后，可以使修补的图像与原始图像产生透明的叠加效果，该选项适用于修补

具有清晰分明的纯背景或渐变背景的图像。

◆ 使用图案：使用修补工具创建选区后，单击"使用图案"按钮，可以使用图案修补选区图像。

下面将用修补工具去除图片中的黑天鹅。

读书笔记 ▶

操作步骤:

Step 1 ▶ 打开图片, 如图3.10所示。

图 3.10

Step 2 ▶ 选用修补工具, 选中"源", 用鼠标在画面中拖动, 将左边的天鹅选中, 如图3.11所示。 接着将选区拖动至左边完整的背景区域。 按Ctrl+D快捷键取消选区, 效果如图3.12所示。

图 3.11

图 3.12

Step 3 ▶ 用同样的方法, 选中右边的天鹅, 将其往左边的背景区域拖动, 如图3.13所示。

图 3.13

Step 4 ▶ 按Ctrl+D快捷键取消选区, 最终效果如图3.14所示。

图 3.14

3.1.4 实践:内容感知移动工具移动图像

内容感知移动工具可以在无须复杂图层及精确选择选区的情况下, 快速地重构图像。用它将选中的对象移动或扩散到图像的其他区域后, 可以重组和混合对象, 形成出色的视觉效果。其选项栏如图3.15所示, 其中部分选项作用如下。

✕ ∼ □ ⎕ ⎕ ⎕ 模式: 移动 ∼ 结构: 4 ∨ 颜色: 0 ∨ 对所有图层取样 ☑ 投影时变换

图 3.15

◆ 模式: 用于选择图像的移动方式, 包括"移动"和"扩展"。

◆ 结构：用于设置图像的修复精度。

◆ 对所有图层取样：如果文档包括多个图层，选中该复选框，可以对所有图层中的图像进行取样。

要将如图 3.16 所示的图像中的柠檬移动位置，可以用内容感知移动工具实现。

操作步骤：

Step 1 ▶ 打开如图 3.16 所示的素材图片。

图 3.16

Step 2 ▶ 选用内容感知移动工具，框选如图 3.17 所示的两片柠檬，将其往左边移动，效果如图 3.18 所示。

图 3.17

图 3.18

3.1.5 实践：修复照片中的红眼

在光线较暗的环境中照相时，由于人物的虹膜张开得很宽，经常会出现"红眼"现象。红眼工具专用来修复照片中人物的红眼问题，选择它后直接在红眼处单击，即可去除红眼。此工具亦可根据画面适时地调节瞳孔大小值和变暗量值。

操作步骤：

Step 1 ▶ 打开素材图片，如图 3.19 所示。

图 3.19

Step 2 ▶ 选用红眼工具，将工具选项栏按如图 3.20 所示进行相应设置。

图 3.20

Step 3 ▶ 在瞳孔中间如图 3.21 所示处单击鼠标，最终效果如图 3.22 所示。

图 3.21

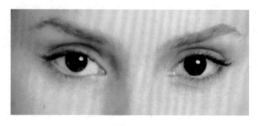

图 3.22

3.1.6 实践：仿制图章重排飞鸟

仿制图章工具主要用来修复图像，亦可以用来复制局部。先按住 Alt 键，再用鼠标在图像中需要复制或需要修复的取样点处单击，将光标移至需要修复的位置单击并拖动，就可以在图像中进行修复。

下面将如图 3.23 所示的图片中的飞鸟重新排列。

图 3.23

操作步骤：

Step 1 ▶ 打开图片，选择仿制图章工具，按住 Alt 键，单击并在如图 3.24 所示的方框位置取样。

图 3.24

Step 2 ▶ 光标移到如图 3.25 所示的方框位置进行涂抹，复制一只飞鸟。

图 3.25

Step 3 ▶ 按住 Alt 键，单击并在如图 3.26 所示的方框位置取样。

图 3.26

Step 4 ▶ 在原飞鸟处涂抹，直至飞鸟消失，如图 3.27 所示。

图 3.27

Step 5 ▶ 用同样的方法，将最下方的飞鸟复制一只，最终效果如图 3.28 所示。

图 3.28

3.1.7 图案图章工具

图案图章工具也可以用来复制图像，但与仿制图章工具有些不同，它是选择一个图案，再在图像中复制图案。

选择图案图章工具，在其选项栏中单击"图案拾色器"按扭，在列表中选择一个图案，然后在画面中进行涂抹，即可在画面中绘制出如图 3.29 所示的图案。如果取消选中"对齐"复选框，每次单击将重新应用图案。选中"印象派效果"复选框后，可以模拟出印象派效果的图案。

图 3.29

3.1.8 项目：历史记录画笔还原烈焰红唇

历史记录画笔工具主要的作用是对图像进行恢复，将最近保存或打开的图像恢复到原来的面貌，如果对打开的图像进行操作后没有保存，使用此工具，可以恢复这幅图原来打开时的面貌，如果对图像保存后再继续操作，使用这个工具则会恢复保存后的面貌。

经常会看到一些广告图片为灰色调图片，但其主体部位为彩色，非常突出。我们可以用历史记录画笔工具来完成这样的图片，素材如图 3.30 所示。

图 3.30

操作步骤：

Step 1 ▶ 打开红色调图片， 如图 3.30 所示。

Step 2 ▶ 执行"图像／调整／黑白"命令，在弹出的对话框中设置为如图 3.31 所示参数，效果如图 3.32 所示。

图 3.31

图 3.32

Step 3 ▶ 选择历史记录艺术画笔工具， 调整合适的画笔，按如图 3.33 所示在唇部涂抹，最终效果如图 3.34 所示。

图 3.33

图 3.34

图 3.35

3.1.9 历史记录艺术画笔工具

与历史记录画笔工具相似，历史记录艺术画笔工具也可以将标记的历史记录状态或快照用作源数据，对图像进行修改。不同的是，在使用原始数据的同时，历史记录艺术画笔工具还可以为图像创建不同的颜色和艺术风格。通过尝试使用不同的绘画样式、大小和容差选项，可以用不同的色彩和艺术风格模拟绘画的纹理。使用前后的效果如图 3.35 和图 3.36 所示。

图 3.36

历史记录画笔工具的选项栏如图 3.37 所示，可以设置相关参数，其中样式和区域两项参数的作用如下。

图 3.37

◆ 样式：选择一个选项来控制绘画描边的形状，包括"绷紧短""绷紧中""绷紧长"等。
◆ 区域：用来设置绘画描边的区域。低容差可以用于在图像中的任何地方绘制无数条描边；高容差会将绘画描边限定在与源状态或快照中的颜色明显不同的区域。

历史记录艺术画笔工具在实际工作中的使用频率不高，它属于任意涂抹工具，其效果不可控，不过它可以为创作提供一些特殊效果。

3.2 局部修饰

3.2.1 实践：模糊工具处理景深效果

模糊工具 ◌ 可以将本来清晰的图片变模糊，在制作照片的景深时使用较多，它也可以使颜色之间生硬的地方变柔和，使用模糊工具之后，原像素内的信息会改变。

操作步骤：

Step 1 ▶ 打开素材图片，如图 3.38 所示，图像的主体与背景并未拉开距离，我们需要将背景虚化，得到景深的效果。

图 3.38

Step 2 ▶ 选择模糊工具，选择适当的参数，如图 3.39 所示。

图 3.39

Step 3 ▶ 按住鼠标左键不断拖动，即可完成操作，释放鼠标模糊停止，如图 3.40 所示，得到景深效果。

图 3.40

3.2.2 锐化工具

锐化工具 △ 与模糊工具相反，它的作用是使图像变得清晰，一般在图像需要增强对比度时使用。使用锐化工具后，原像素内的信息会改变，轮廓更加清晰。选择锐化工具，调整为适当的参数，按住鼠标左键不断拖动即可进行锐化，松开鼠标锐化停止，如图 3.41 和图 3.42 所示。值得注意的是，当图片使用了模糊工具后再使用锐化工具，图像将不能复原，因为像素信息已经被改变。

图 3.41   图 3.42

3.2.3 涂抹工具

涂抹工具 ⚆ 可以将颜色抹开，产生好像是一幅图像的颜料未干而用手去抹的效果，使颜色走位一样，一般作特殊效果使用。对图片进行处理，如图 3.43 所示，选择涂抹工具并调节参数，使画面得到涂抹的效果，如图 3.44 所示。

图 3.43   图 3.44

3.2.4 减淡工具

减淡工具 ⚆ 可以对图像进行减淡处理，将图片的明度减轻，被减淡的像素颜色会变浅，即增加曝光度。同一像素使用减淡工具的次数越多，效果越明显，原像素信息会改变。打开如图 3.45 所示的图片，对局部进行处理，选择减淡工具进行涂抹，得到减淡的效果，如图 3.46 和图 3.47 所示。

66

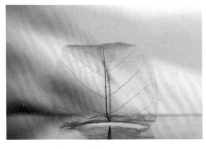

图 3.45 　　　　　　　　图 3.46 　　　　　　　　图 3.47

3.2.5 加深工具

加深工具 🖐 与减淡工具相反，用于降低曝光度，同一像素使用加深工具的次数越多，效果越明显，原像素信息会改变，效果如图 3.48 和图 3.49 所示。

图 3.48 　　　　　　　　图 3.49

值得注意的是，若对像素使用了减淡工具后再使用加深工具，由于原图像信息已发生改变，将无法复原。

3.2.6 实践：海绵工具调整图像饱和度

海绵工具 🖐 与减淡工具、加深工具不同，它是改变了图像的色彩饱和度，对比效果如图 3.50 和图 3.51 所示。

图 3.50

图 3.51

操作步骤：

Step 1 ▶ 打开如图 3.50 素材图片，选择海绵工具，其选项栏如图 3.52 所示。

🖐 ▼ 🔵 ▼ 🗹 　模式：加色　流量：50% ▼ 🖐 △ 0° 　🗹 自然饱和度 🖐

图 3.52

Step 2 ▶ 选用 "去色" 模式降低像素的饱和度，效果如图 3.53 所示。

图 3.53

Step 3 ▶ 选用 "加色" 模式增加像素的饱和度，效果如图 3.54 所示，最终效果如图 3.51 所示。

图 3.54

3.3 图像美化

3.3.1 项目：美化人物照片

一张用手机拍摄的普通照片，如图 3.55 所示，人物脸上会有一些小的瑕疵需要处理，甚至五官、脸型等都需要进行细微的调整。本项目主要使用曲线调亮、修复画笔工具去除痘痘，以及用液化工具调整面部细节。

图 3.55

操作步骤：

Step 1 ▶ 打开如图 3.55 所示素材图片，执行"图像/调整/曲线"命令，弹出的对话框如图 3.56 所示，向上拖动曲线提升图像的亮度。

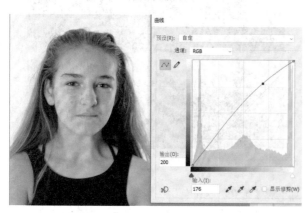

图 3.56

Step 2 ▶ 使用修复画笔工具组，将如图 3.57 所示人物面部的痘痘去除，效果如图 3.58 所示。

图 3.57　　　　　　　　图 3.58

Step 3 ▶ 执行"滤镜/液化"命令，如图 3.59 所示，弹出对话框，按如图 3.60 所示设置调整人物的眼睛和微笑。接着调整其脸部，如图 3.61 所示。调整后的效果如图 3.62 所示。

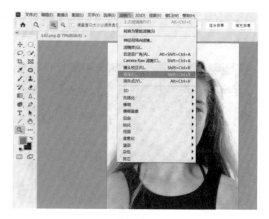

图 3.59

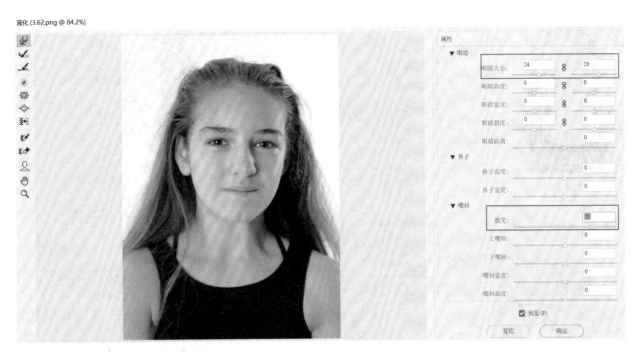

图 3.60

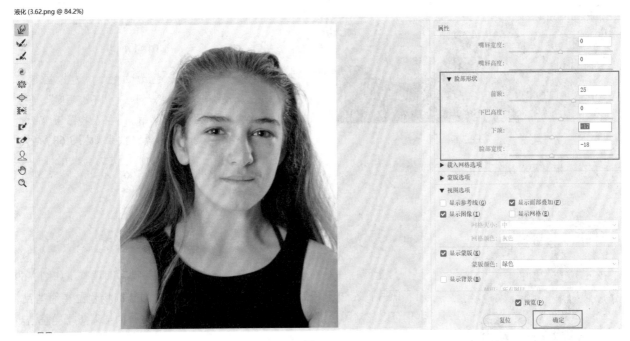

图 3.61

Step 4 ▶ 如图 3.63 所示，拖动背景层至"创建新图层"按钮上，复制一个图层为"背景拷贝"层。

Step 5 ▶ 执行"滤镜/杂色/蒙尘与划痕"命令，如图 3.64 所示，弹出如图 3.65 所示的对话框，调整半径为 4。

Step 6 ▶ 按住 Alt 键，单击"添加图层蒙版"按钮，建立一个黑色蒙版框，如图 3.66 所示。

图 3.62

图 3.63

图 3.65

图 3.64

图 3.66

Step 7 ▶ 设置前景色为白色，选择画笔工具，设置合适的画笔大小，"不透明度"设置为48%，如图 3.67 所示。在人物除五官以外的皮肤部位上涂抹，最终效果如图 3.68 所示。

图 3.67

图 3.68

3.3.2 项目：去除杂乱背景

儿童照片一般都是抢拍，构图、明暗等需要一些后期调整。如图 3.69 所示照片，左边窗户处较亮、太抢眼，背景右边的装饰物也显得有些乱，我们可以先对图片进行裁剪，然后去除背景杂物，让画面显得更干净整洁。

操作步骤：

Step 1 ▶ 打开素材图片，如图 3.69 所示，选择裁剪工具，按如图 3.70 所示对画面进行裁剪，效果如图 3.71 所示。

Step 2 ▶ 执行"图像/调整/曲线"命令，如图 3.72 所示，将图像稍微提亮。

图 3.69　　　　　　　　　　　　　　　　　　　　图 3.70

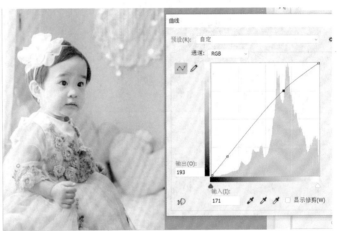

图 3.71　　　　　　　　　　　　　　　　　　　图 3.72

Step 3 ▶ 用图章工具在背景处取样，涂抹去除后面的饰品，如图 3.73 所示，修复完毕的效果如图 3.74 所示。

图 3.73　　　　　　　　　　　　　　　　　　　图 3.74

Step 4 ▶ 执行"滤镜/液化"命令，弹出对话框，按如图3.75所示调整人物的眼睛和微笑，接着调整其脸部，最终效果如图3.76所示。

图 3.75

图 3.76

模块 4

图像选择

4.1 快速选取

图像选择工具是 Photoshop 软件中最基础的工具之一，用于创建数字图片中需要被编辑的区域。在工具箱中有 3 组工具可以创建选区，分别是选框工具组、套索工具组和魔棒工具组，这是最基本的创建选区的方法。

4.1.1 选框工具组

选框工具组如图 4.1 所示，属于几何形选框工具，主要用于创建几何形的选区。矩形选框工具和椭圆选框工具一般用于对图像中的"面"进行选择。单行选框工具与单列选框工具一般用于对图像中的"线"进行选择。具体用法如下。

图 4.1

图 4.2

◆ **矩形选框工具**：可以创建出矩形或正方形的选框范围。选择矩形选框工具 ，在画面中单击，然后按住鼠标向右下角拖动，就可以绘制选区，如图 4.2 所示。如果在绘制时按住 Shift 键，可以绘制正方形选区，如图 4.3 所示。

◆ **椭圆选框工具**：可以创建出正圆形或椭圆形的选框范围。选择椭圆选框工具 ，在画面中单击，然后按住鼠标向右下角拖动，就可以绘制选区，如图 4.4 所示。如果在绘制时按住 Shift 键，可以绘制正圆形选区，如图 4.5 所示。如果按住 Alt 键，会以起点为圆心进行绘制，如图 4.6 所示。

图 4.3

◆ **单行 / 单列选框工具**：单行选框工具可以在水平方向上绘制出一行 1 像素的选框；单列选框工具可以在垂直方向上绘制出一列 1 像素的选框。常用来制作网格效果，这两种选择工具的使用频率较低。

图 4.4

图 4.5

图 4.6

创建选区以后，工具属性栏如图 4.7 所示，可以对选区进行修改。各选项作用如下。

| 羽化: 0 像素 | ☑ 消除锯齿 | 样式: 正常 ▾ | 宽度: | ⇄ | 高度: | 选择并遮住… |

图 4.7

◆ 选区运算：▣▢▢▢ 这组按钮主要用来控制选区的创建方式，可以将多个选区进行"相加""相减""交叉"等操作，从而获得新的选区，具体效果如图 4.8 ～图 4.10 所示。

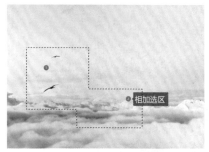

图 4.8

图 4.9

图 4.10

◆ 羽化：可以使选区的边界线由分明变得柔和，输入数值越大，选区的边缘越模糊。图 4.11 是羽化值分别为 0 与 18 的对比图。

图 4.11

◆ 消除锯齿：由于 Photoshop 软件为位图软件而非矢量图软件，因此每一张被编辑的图片都是由很小的正方形像素构成的，为避免使用椭圆选框工具时产生锯齿，故有此命令，专门针对椭圆选框工具使用，默认为选中，即不会产生锯齿。

◆ 样式：在下拉列表中有 3 种模式，分别是"正常""固定比例""固定大小"。其中，"正常"模式为默认设置，可以任意创建选区。"固定比例"和"固定大小"与其后的"宽度 / 高度"有关，选择相应的模式后，可以通过改变"宽度 / 高度"的数值来绘制准确的选区。

◆ 选择并遮住：这是之前"调整边缘"命令的升级版，不再要求事先做好选区，而是可以在这个工具中对选区进行选取、调整、修改操作，尤其适合处理复杂边缘的抠图，使用起来比"调整边缘"命令方便许多，快捷键是 Ctrl+Alt+R。

4.1.2 项目：选择并遮住抠取头发

飘逸的长头发比较细腻，用前面介绍的方法抠取都不太合适，抠图不够自然。下面讲解用选择并遮住及调整边缘的方法抠取头发，效果对比如图 4.12 和图 4.13 所示。

图 4.12 图 4.13

读书笔记

操作步骤:

Step 1 ▶ 打开素材图片，如图 4.12 所示。

Step 2 ▶ 单击"创建新图层"按钮，新建一个图层。将"背景"图层拖动至"创建新图层"按钮上，复制"背景"图层为"背景拷贝"图层，如图 4.14 所示。

Step 3 ▶ 单击"创建新图层"按钮，新建一个图层置于两个图层之间，如图 4.15 所示，填充为白色，便于抠图前后对比。

Step 4 ▶ 选择"背景拷贝"图层为当前图层，选择套索工具，如图 4.16 所示，在画面人物外围拖动，建立选区。之后单击"选择并遮住"按钮，弹出对话框，如图 4.17 所示。

图 4.14

图 4.15

图 4.16

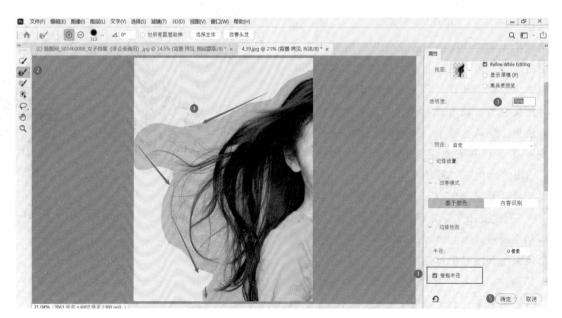

图 4.17

对话框中各选项的功能如下。

◆ 视图：在下拉列表中可以选择不同的显示效果。

◆ 显示边缘：显示以半径定义的调整区域。

◆ 显示原稿：可以查看原始选区。

◆ 高品质预览：选中该复选框，能够以更好的效果预览图中选区。

◆ 快速选择工具 ✐：通过按住鼠标左键拖动涂抹，软件会自动查找和跟踪图像颜色的边缘，创建选区。

◆ 调整边缘画笔工具 ✐：精确调整发生边缘调整的边界区域。制作头发或毛皮选区时，可以使用调整边缘画笔工具柔化区域以增加选区内的细节。

◆ 画笔工具 ✐：通过涂抹的方式添加或减去选区。选择画笔工具，在其选项栏中单击"添加到选区"按钮 ⊕，在下拉面板中设置笔尖的"大小""硬度""距离"选项，在画面中按住鼠标左键拖动进行涂抹，涂抹的位置就会显示出像素，也就是在原来选区的基础上添加了选区。若单击"从选区减去"按钮 ⊖，在画面中涂抹，即可对选区进行减去操作。

◆ 对象选择工具 ▣：使用该工具在画面中按住鼠标左键拖动绘制选区，接着会在定义区域内查找并自动选择一个对象。

◆ 套索工具组 ♀：在该工具组中有套索工具和多边形套索工具两种工具。使用该工具可以在选项栏中设置选区运算的方式。

◆ 平滑：减少选区边界中的不规则区域，以创建较平滑的轮廓。

◆ 羽化：模糊选区与周围像素之间的过渡效果。

◆ 对比度：锐化选区边缘并消除模糊的不协调感。在通常情况下，配合"智能半径"选项调整出来的选区的效果会更好。

◆ 移动边缘：当设置为负值时，可以向内收缩选区边界；当设置为正值时，可以向外扩展选区边界。

◆ 清除选区：单击该按钮可以取消当前选区。

◆ 反相：单击该选项，即可得到反相的选区。

◆ 输出到："输出"是指用户需要得到一个什么样的效果，单击窗口右下方的"输出到"按钮，在

下拉菜单中能够看到多种输出方式。

◆ 净化颜色：将彩色杂边替换为附近完全选中的像素颜色。颜色替换的强度与选区边缘的羽化程度是成正比的。

Step 5 ▶ 选中"智能半径"复选框，单击"调整边缘"按钮，调整画笔大小及透明度。在头发边缘涂抹，直至背景颜色全部去除，如图 4.18 所示。

Step 6 ▶ 单击"确定"按钮之后，人物及头发部分全部建立选区，如图 4.19 所示。

图 4.18　　　　　　　　图 4.19

Step 7 ▶ 单击"添加图层蒙版"按钮，如图 4.20 所示，建立图层蒙版，画面如图 4.21 所示。替换背景颜色为黄色，效果如图 4.13 所示。

图 4.20　　　　　　　　图 4.21

4.1.3　魔棒工具组

魔棒工具组包含对象选择工具、快速选择工具和魔棒工具，如图 4.22 所示，能快速创建选区。具体用法如下。

图 4.22

（1）对象选择工具：当图片中包含多个对象或只需要选择对象中的某一部分时，对象选择工具非常有用。将鼠标置于想要选择的对象上，拖动鼠标直至需要选择的对象被完全选中即可，效果如图 4.23 和图 4.24 所示。

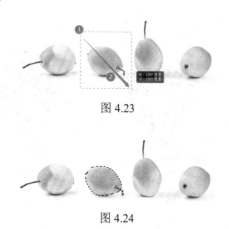

图 4.23

图 4.24

（2）快速选择工具：可以视其为通过画笔快速选择区域。单击画笔按钮可以修改画笔属性，如图 4.25

所示。如图 4.26 所示，按住鼠标左键后拖动可以描出所选区域，也可通过逐个单击想要选取但不连在一起的区域，选区会自动增加。若要减去选区，单击工具属性栏上的减去按钮，再选择不需要的选区即可。最重要的是快速选择工具嵌套了画笔属性，甚至可以通过修改画笔属性来绘制特殊的选框。下面介绍几个常用选项的作用。

- 选区运算按钮：激活"新选区"按扭可以创建一个新的选区；激活"添加到选区"按钮，可以在原有选区的基础上添加新创建的选区；激活"从选区减去"按钮，可以在原有选区上减去新绘制的选区。

- 画笔选择按钮：单击倒三角形，可以在弹出的"画笔"选项中设置画笔的大小、硬度、间距、角度以及圆度。

- 自动增强：降低选取范围边界的粗糙度与区块感。

（3）魔棒工具：在实际运用中的使用率比较高，它的选择区域不是固定的，其属性栏如图 4.27 所示。它与容差值有关，容差值越大，表示魔棒选择的精准度越低，所选区域面积越大；反之，容差值越小，表示魔棒选择的精准度越高，所选区域面积越小。属性栏部分选项作用如下。

图 4.25

图 4.26

图 4.27

◆ 取样大小：用来设置魔棒工具的取样范围，选择"取样点"选项，可以只对光标所在位置的像素进行取样，选择"3×3平均"选项，可以对光标所在位置3个像素区域内的平均颜色进行取样，其他的以此类推。

◆ 容差：决定所选像素之间的相似性或差异性，其取值范围为 0～255，数值越低对像素的相似程度的要求越高，所选的颜色范围就越小；数值越高对像素的相似程度的要求越低，所选的颜色范围就越大。

◆ 连续：当选中该复选框时，只选择颜色连接的区域；当取消选中该复选框时，可以选择与所选像素颜色接近的所有区域，当然也包含没有连接的区域，如图 4.28 和图 4.29 所示。

图 4.28

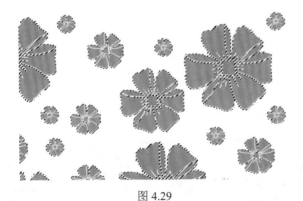

图 4.29

4.1.4 项目：快速选择换天空颜色

图 4.30 所示为一张故宫的图片，通过快速选择工具选取天空部分，运用图像调整改变天空中的颜色。

图 4.30

■ 操作步骤：

Step 1 ▶ 启动 Photoshop，打开素材图片，如图 4.30 所示。

Step 2 ▶ 快速选择天空。使用快速选择工具，单击画笔按钮修改画笔属性。 单击并在天空区域拖动可以描出所选区域，如图4.31所示，将天空变为选区。

图 4.31

Step 3 ▶ 调整天空颜色。 执行 "图像/调整/色相/饱和度"命令（Ctrl+U快捷键），弹出"色相/饱和度"对话框，如图 4.32 所示，单击"全图"的下拉菜单可以设置需要调整的色彩范围。 将"色相"设置为 −62，"饱和度"设置为+23，"明度"设置为+7，效果如图 4.33 所示。

Step 4 ▶ 按 Ctrl+D 快捷键，取消区域选择，最终效果如图 4.34 所示。

图 4.32

图 4.33

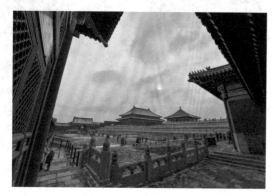

图 4.34

4.1.5 套索工具组

　　套索工具组如图 4.35 所示，主要用于创建非几何形的选区，其工具选项栏如下。

图 4.35

◆ 套索工具：主要用于创建无须过于精确的选区。如图 4.36 所示，按住鼠标左键不放，拖动鼠标沿花朵的外轮廓移动一圈，释放鼠标，绘制的"蚂蚁线"会自动闭合，如图 4.37 所示。

图 4.36

图 4.37

◆ 多边形套索工具：可用于创建直线形且不规则的选区。如图 4.38 所示，在五角星的某一个角单击作为起始点，松开后单击下一个点，直到光标右下角出现"。"时，单击将"蚂蚁线"闭合，如图 4.39 所示。

图 4.38　　　　　　图 4.39

◆ 磁性套索工具：主要用于被选取对象的外轮廓线清晰时，即主体与背景区分明时使用。这个工具好像有磁力一样，在外轮廓线上单击后，不需要再按鼠标左键而只要移动鼠标围绕被选取对象一圈，该工具会自动跟踪对象的外轮廓线直到鼠标右下角出现"。"时，单击将"蚂蚁线"闭合，如图 4.40 和图 4.41 所示。

图 4.40

图 4.41

4.1.6 项目：色彩范围抠取成片花朵

抠取背景颜色比较单一的成片花朵。如图 4.42 所示，背景色为蓝色，花朵为白色，比较素，且花朵的夹缝中还透着背景，用快速选择工具容易漏选。选用"选择／色彩范围"命令比较合适，抠取效果如图 4.43 所示。

图 4.42

图 4.43

操作步骤：

Step 1 ▶ 打开素材图片，执行 "选择／色彩范围" 命令，弹出如图 4.44 所示对话框，选择 "取样颜色"，将容差值调至 70， 在画面蓝色背景区域单击， 确定后得到如图 4.45 所示选区，将所有蓝色背景区域选中。

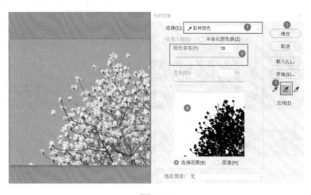

图 4.44

图 4.45

Step 2 ▶ 执行 "选择/反选" 命令，选区变为花朵区域，如图 4.46 所示。

Step 3 ▶ 选中任意一个选择工具，将光标移至选区内右击，在弹出的快捷菜单中执行 "通过拷贝的图层" 命令，将花朵部分独立成层，出现 "图层 1"，如图 4.47 所示。

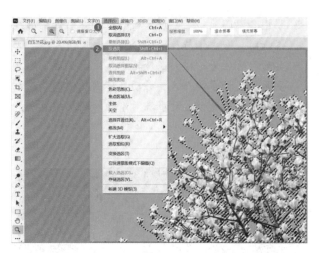

图 4.46

Step 4 ▶ 隐藏 "背景" 图层，或者将 "背景" 图层填充为白色，最终效果如图 4.43 所示。

图 4.47

4.2 选区编辑

4.2.1 取消与重新选择

取消选择与重新选择的操作方法如下。

◆ **取消选择**：执行 "选择/取消选择" 命令（或按 Ctrl+D 快捷键）可以取消选区状态，"蚂蚁线" 消失。

◆ **重新选择**：执行 "选择/重新选择" 命令可以恢复被取消的状态，"蚂蚁线" 显现。

4.2.2 全选

全选，即选择画面的全部范围，可以执行"选择 / 全部"命令（或按 Ctrl+A 快捷键），选择当前文档边界区内的所有区域，选区边界位于画面的四周。

4.2.3 选区的反向

创建选区后，如图 4.48 所示，要选择相反的选区，可以执行"选择 / 反选"命令（或按 Shift+Ctrl+I 组合键），将选择原来没有被选中的区域，如图 4.49 所示。

图 4.48

图 4.49

4.2.4 图层载入选区

如果要将某个图层载入选区，可以按住 Ctrl 键，单击此图层的缩略图，此时图层内容的外轮廓出现"蚂蚁线"（即被载入选区），如图 4.50 所示。

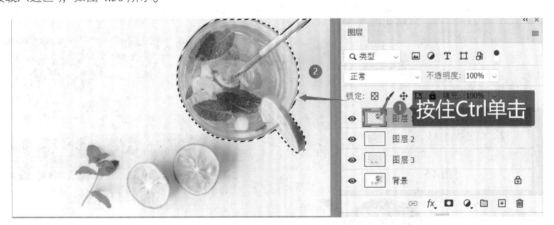

图 4.50

4.2.5 实践：移动选区

移动选区的方法主要有以下 3 种。

（1）将光标移至选区内，当光标显示有变化时，拖动光标即可移动选区，如图 4.51 和图 4.52 所示。如果要移动选中的图像，则要选择移动工具 ✛，将光标置于选区内，效果如图 4.53 所示。然后拖动光标，选中的图像移动，原来图像的位置由背景色替代，效果如图 4.54 所示。

图 4.51

图 4.52

图 4.53

图 4.54

（2）使用选框工具创建选区时，在释放鼠标之前，按住空格键拖动鼠标，可以移动选区。

（3）在包含选区的状态下，按←、↑、→、↓键可以 1 像素为距离移动选区。

4.2.6 选区的显示与隐藏

创建选区后，执行"视图 / 显示 / 选区边缘"命令（或按 Ctrl+H 快捷键），可以隐藏选区，如果要将隐藏的选区显示出来，可以再次执行"视图 / 显示 / 选区边缘"命令（或按 Ctrl+H 快捷键）。

4.2.7 实践：变换选区

选区的变换和图像的变换操作相似，在进行变换时都会出现定界框，通过调整定界框上的控制点的位置，即可调整选区的形状。

操作步骤：

Step 1 ▶ 选择矩形选框工具，在画面上拉出一个选区，如图 4.55 所示。执行"选择 / 变换选区"命令，出现定界框，如图 4.56 所示。

图 4.55

图 4.56

Step 2 ▶ 在选区内右击，在弹出的快捷菜单中选择"旋转"命令，如图 4.57 所示。接着将光标置于定界外，直到光标变为弧形箭头，拖动鼠标使之旋转，实现如图 4.58 所示效果。

图 4.57

图 4.58

Step 3 ▶ 以同样的操作，在选区内右击，在弹出的快捷菜单中选择"透视"命令，接着将光标置于定界左边的控制点并往上拖动，使之发生透视变化，实现如图 4.59 所示效果。

图 4.59

Step 4 ▶ 按 Enter 键确定操作之后，执行"选择 / 反选"命令，选中选区以外的部分，填充浅蓝色，如

图 4.60 所示。

图 4.60

Step 5 ▶ 执行"选择 / 取消选择"命令，效果如图 4.61 所示。

图 4.61

4.2.8 实践：描边选区

使用"描边"命令，可以在选区、路径及图层周围创建边框效果。

▶ 操作步骤：

Step 1 ▶ 创建选区，如图 4.62 所示。

图 4.62

Step 2 ▶ 执行"编辑 / 描边"命令，打开"描边"对话框，如图 4.63 所示，设置描边宽度、颜色、位置、混合模式等，确认即可。

图 4.63

Step 3 ▶ 效果如图 4.64 所示。

图 4.64

4.2.9 选区修改

执行"选择/修改"命令会出现子菜单，有"边界""平滑""扩展""收缩""羽化"5 个选项，如图 4.65 所示。各选项作用如下。

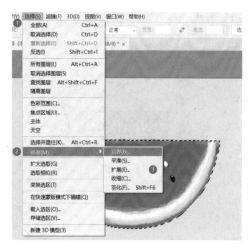

图 4.65

◆ 边界：对已有的选区执行"选择/修改/边界"命

令，弹出"边界选区"对话框，设置"宽度"为 20 像素，如图 4.66 所示，确定后效果如图 4.67 所示。

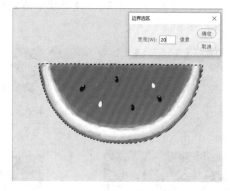

图 4.66

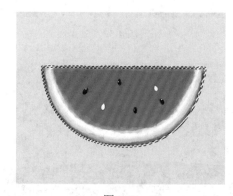

图 4.67

◆ 平滑：对一个矩形选区执行"选择/修改/平滑"命令，设置"取样半径"为 20 像素和 200 像素的选区效果分别如图 4.68 和图 4.69 所示。

图 4.68　　　　　　图 4.69

◆ 扩展/收缩：图 4.70 为原始选区，对选区执行"选择/修改/扩展"命令，在弹出的对话框中设置"扩展量"为 100 像素，效果如图 4.71 所示。收缩操作方法与之类似。

图 4.70    图 4.71

◆ 羽化：羽化选区是通过建立选区和选
区周围像素之间的转换边界来模糊边
缘，这种模糊方式将丢失选区边缘的
细节，但也常用。图 4.72 为原图选区
效果，执行"选择 / 修改 / 羽化"命令，
在弹出的对话框中将"羽化半径"设
置为50像素，然后反选选区，填充白色，
效果如图 4.73 所示。

图 4.72   图 4.73

4.3 橡皮擦抠图

Photoshop 提供了 3 种擦除工具，位于工具箱中的橡皮擦工具组中，
它们分别是橡皮擦工具、背景橡皮擦工具和魔术橡皮擦工具，如图 4.74
所示。

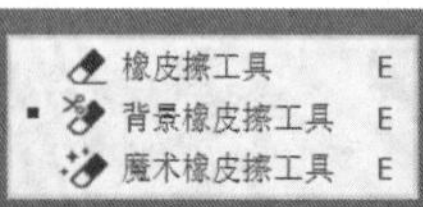

◢ 橡皮擦工具	E
✷ 背景橡皮擦工具	E
✸ 魔术橡皮擦工具	E

图 4.74

4.3.1 橡皮擦工具

橡皮擦工具可以像使用橡皮一样随意地将像素
更改为背景色或透明。选择橡皮擦工具，其选项栏如
图 4.75 所示。需要设置橡皮擦工具笔尖的大小等特性，

在"模式"下拉列表中可以选择橡皮擦的各类模式。
选择"画笔"选项时，可以创建柔边擦除效果。选择"铅
笔"选项时，可以创建硬边效果。选择"块"选项时，
擦除的效果为块状。设置完毕后，在画面中拖动鼠标
即可擦除。

图 4.75

橡皮擦工具选项栏其他几个选项的作用如下。

◆ 不透明度：用来设置橡皮擦工具的擦除强度。设
置为100%时，可以完全擦除像素。当设置"模式"
为"块"时，该选项将不可用。

◆ 流量：用来设置橡皮擦工具的涂抹速度。

◆ 抹到历史记录：选中该复选框后，橡皮擦工具的
作用相当于历史记录画笔工具。

在背景图层擦除会直接由背景色替代，如果是在普通图层上擦除则直接变为透明，效果分别如图4.76和图4.77所示。

图 4.76

图 4.77

4.3.2 背景橡皮擦工具

背景橡皮擦工具是一种基于色彩差异的智能化擦除工具，它可以自动采集画笔中心的色样，同时删除在画笔内出现的这种颜色，使擦除区域成为透明区域。使用该工具时，将光标移动至画面中，光标呈现出中心带有"+"的圆形形态。圆形表示当前工具的作用范围，而圆形中心的"+"则表示在擦除过程中自动采集颜色的位置。其选项栏如图4.78所示，各选项作用如下。

图 4.78

◆ 取样 ：用来设置取样的方式，不同的取样方式会直接影响到画面的擦除效果。激活"取样：连续"按钮 ，在拖动鼠标时可以连续对颜

色进行取样，凡是出现在光标中心十字线以内的图像都将被擦除。激活"取样：一次"按扭 ，只擦除包含第1次单击处颜色的图像。激活"取样：背景色板"按钮 ，只擦除包含背景色的图像。

◆ 限制：设置擦除图像时的限制模式。选择"不连续"选项时，可以擦除出现在光标下任何位置的样本颜色。选择"连续"选项时，只擦除包含样本颜色并且相互连接的区域。选择"查找边缘"选项时，可以擦除包含样本颜色的连接区域，同时更好地保留形状边缘的锐化程度。

◆ 容差：用来设置颜色的容差范围。低容差仅限于擦除与样本颜色非常相近的区域，高容差可擦除范围更广的颜色相近的区域。

◆ 保护前景色：选中该复选框后，可以防止擦除与前景色匹配的区域。

选择背景橡皮擦工具，在画面背景中擦除的效果如图4.79所示。选中"保护前景色"复选框，在整个画面中涂抹，效果如图4.80所示。

图 4.79   图 4.80

4.3.3 魔术橡皮擦工具

魔术橡皮擦工具可以快速擦除画面中相同的颜色，其使用方法与魔棒工具非常相似。使用该工具时需要在选项栏中设置合适的容差数值以及是否选中"连续"复选框，设置完成后在画面中单击，即可擦除与单击处颜色相近的区域。

魔术橡皮擦工具选项栏各选项作用如下。

◆ 容差：此处的"容差"与魔棒工具选项栏中的"容

差"功能相同，都是用来限制所选像素之间的相
似性或差异性的。在此主要用来设置擦除的颜色
范围。"容差"值越小，擦除的范围相对越小；
"容差"值越大，擦除的范围相对越大。

◆ 消除锯齿：可以使擦除区域的边缘变得平滑。

◆ 连续：选中该复选框时，只擦除与单击处像素相
连接的区域。取消选中该复选框时，可以擦除图
像中所有与单击处像素相似的像素区域。

◆ 不透明度：用来设置擦除的强度。数值越大，擦
除的像素越多；数值越小，擦除的像素越少，被
擦除的部分变为半透明。数值为 100% 时，则完
全擦除像素。

图 4.81

4.3.4 项目：橡皮擦工具抠取透明纱裙

纱裙抠除背景的难点在于透明纱裙部分，本项目
主要运用魔术橡皮擦工具和背景橡皮擦工具，调整其
容差值来抠取纱裙换背景。素材图片如图 4.81 所示，
最终效果如图 4.82 所示。

图 4.82

▌操作步骤：

Step 1 ▶ 打开素材图片，如图 4.81 所示。单击背景图层右侧的小锁，将背景图层转换为普通图层"图层 0"。

Step 2 ▶ 新建一个 "图层 1" 放在 "图层 0" 的下方，并填充想要的颜色，如图 4.83 所示。

Step 3 ▶ 选择 "图层 0" 为当前图层，将前景色设置为纱裙的颜色，背景色设置为当前图片背景的颜色，
选择魔术橡皮擦工具，调整其 "容差" 值，然后在背景部位单击，擦除背景颜色，效果如图 4.84 所示。

图 4.83

图 4.84

图 4.85

Step 4 ▶ 选择背景橡皮擦工具，调整其选项，把 "容差" 值稍微调大，在半透明纱裙处涂抹，如图 4.85 所示。

Step 5 ▶ 最终效果如图 4.82 所示。

4.4 通道抠图

4.4.1 认识通道

Photoshop 中的通道共分为 3 种类型，分别是颜色通道、Alpha 通道和专色通道。主要用于存储图像颜色信息和选区信息等不同类型的信息。

执行 "窗口 / 通道" 命令打开 "通道" 面板，如图 4.86 所示。下面介绍一下各选项的作用。

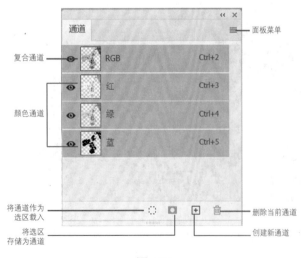

图 4.86

◆ **复合通道**：在复合通道下，用户可以同时预览和编辑所有颜色通道。

◆ **颜色通道**：用于记录图像颜色信息的通道。

◆ **将通道作为选区载入**：单击该按钮，用户可以载入所选通道中的选区。

◆ **将选区存储为通道**：单击该按钮，用户可以将图像中的选区保存在通道内。

◆ **创建新通道**：单击该按钮，用户可以新建 Alpha 通道。

◆ **删除当前通道**：用于删除当前选择的通道，但复合通道不能删除。

4.4.2 颜色通道

颜色通道是将构成整体图像的颜色信息整理并表现为单色图像的工具。根据图像颜色模式的不同，颜色通道的数量也不同。例如，RGB 颜色模式的图像有 RGB、红、绿、蓝 4 个通道；CMYK 颜色模式的图像有 CMYK、青色、洋红、黄色、黑色 5 个通道；Lab 颜色模式的图像有 Lab、明度、a、b 4 个通道；位图和索引颜色模式的图像只有位图通道和索引通道。在讲解图像调整时，色阶、曲线等命令都用到了颜色通道。

4.4.3 Alpha 通道

Alpha 通道主要用于选区的存储编辑与调用。Alpha 通道是一个八位的灰度通道，该通道用 256 级灰度记录图像中的透明度信息，定义透明、不透明和半透明区域。其中黑色处于未选中状态，白色处于完全选中状态，灰色则表示部分被选中状态（即羽化区域）。使用白色涂抹 Alpha 通道，可以扩大选取范围；使用黑色涂抹则收缩选区；使用灰色涂抹可以增加羽化范围。

Alpha 通道有 3 个功能，分别是存储选区、存储黑白图像、从 Alpha 通道中载入选区。

4.4.4 专色通道

专色通道主要用来指定用于专色油墨印刷的附加印版。专色是特殊的预混油墨，如金属油墨、荧光油墨等，它们用于替代或补充普通的印刷色（CMYK）油墨。通常情况下，专色通道都是以专色的名称来命名的。专色通道可以保存专色信息，同时也具有 Alpha 通道的特点。每个专色通道只能存储一种专色信息，而且是以灰度形式存储的。除位图模式外，其余所有的色彩模式都可以建立专色通道。

4.4.5 项目：通道抠取长发人物

"通道抠图"是一种比较专业的抠图方法。对于毛发小动物、人像、边缘复杂的植物、半透明纱裙等一些比较特殊的对象，都可以用通道抠取。"通道抠图"的主要思路就是在各个通道中进行对比，找到一个主体物与背景黑白反差最大的通道，复制并进行操作，然后进一步强化黑白反差，得到合适的黑白通道。最后将通道转换为选区，回到 RGB 通道，回到图层再完成抠图。通道抠取长发人物的效果对比如图 4.87 和图 4.88 所示。

图 4.87　　　　　　　图 4.88

操作步骤：

Step 1 ▶ 打开素材图片，如图 4.87 所示。 打开 "通道" 面板， 复制蓝色通道， 如图 4.89 所示。

图 4.89

Step 2 ▶ 选择钢笔工具， 如图 4.90 所示。

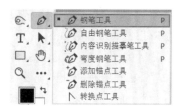

图 4.90

Step 3 ▶ 将裙子勾选出来，如图 4.91 所示。按 Ctrl+Enter 快捷键将裙子部分变成选区，如图 4.92 所示。接着将选区填充为黑色，如图 4.93 所示。

Step 4 ▶ 选择画笔工具，用黑色在人物的面部和手部涂抹，效果如图 4.94 所示。

Step 5 ▶ 执行"图像/调整/反相"命令，效果如图 4.95 所示。

    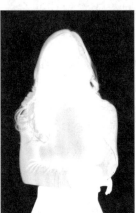

图 4.91　　　　　图 4.92　　　　　图 4.93　　　　　图 4.94　　　　　图 4.95

Step 6 ▶ 执行"图像/调整/色阶"命令，调整参数，直至画面主体与背景呈现黑白对比，效果如图 4.96 所示。

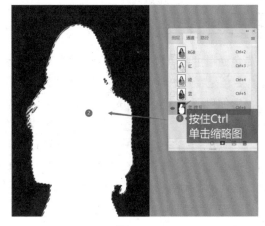

图 4.97

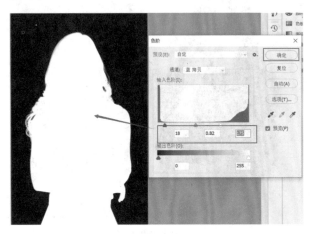

图 4.96

Step 7 ▶ 按住 Ctrl 键的同时单击"蓝拷贝"通道缩略图，将人物部分建立选区，效果如图 4.97 所示。

Step 8 ▶ 单击 RGB 通道，如图 4.98 所示。回到"图层"面板，如图 4.99 所示。在选择工具的状态下，在选区内右击，在弹出的快捷菜单中选择"通过拷贝的图层"命令，人物便被抠出且独立成层。

图 4.98

Step 9 ▶ 将绿色背景图片置入画面，放在人物图层的下方，效果如图 4.100 所示。由于背景颜色的饱和度过高，所以执行"图像/调整/色阶"命令，调整参数，如图 4.101 所示。

Step 10 ▶ 最终效果如图 4.88 所示。

图 4.99

图 4.100

图 4.101

4.4.6 项目：通道抠虎换背景

毛发动物，背景也比较复杂，这样的图像也比较适合用通道抠取。抠取换背景前后的效果分别如图 4.102 和图 4.103 所示。

图 4.102

图 4.103

操作步骤：

Step 1 ▶ 打开素材虎的图片，如图 4.102 所示。

Step 2 ▶ 打开"通道"面板，单击每个通道，发现蓝色通道主体物与背景颜色的反差最大，将蓝色通道

拖至"创建新通道"按钮上，复制一个通道，如图 4.104 所示。

Step 3 ▶ 接着需要增强黑白对比度，执行"图像/调整/色阶"命令，弹出"色阶"对话框，调整其黑场和白场至如图 4.105 所示的效果。

图 4.104

图 4.105

Step 4 ▶ 用画笔工具将画面调整至如图 4.106 所示的效果，之后按 Ctrl 键的同时单击 "蓝拷贝" 通道缩略图，为白色部分创建选区，效果如图 4.107 所示。

Step 5 ▶ 在任意选区工具状态下，在选区内右击弹出快捷菜单，选择 "通过拷贝的图层" 命令，"图层" 面板直接出现新的图层，如图 4.108 所示。

Step 6 ▶ 把创建的新图层置于 "图层 1" 的下方，填充绿灰色，效果如图 4.109 所示。

Step 7 ▶ 最终效果如图 4.103 所示。

图 4.106

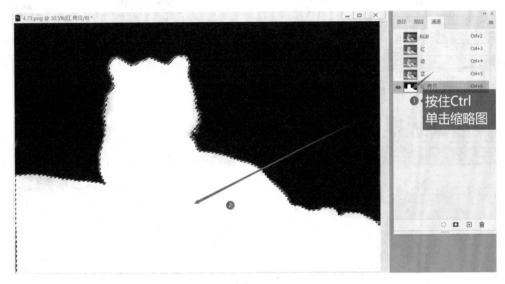

图 4.107

图 4.108

95

图 4.109

4.5 快速蒙版抠图

4.5.1 认识快速蒙版

在 Photoshop 中，快速蒙版是用来创建和编辑选区的蒙版。与其他蒙版不同，快速蒙版不具备隐藏画面像素的功能。进入快速蒙版状态后，选区会以半透明的红色薄膜形式呈现，并且可以使用画笔、滤镜、调整命令等对快速蒙版进行编辑，从而达到编辑选区

的目的，退出快速蒙版后即变成选区。

4.5.2 创建快速蒙版

在 Photoshop 中打开图像，在工具箱底部单击"以快速蒙版模式编辑"按钮 ，接着在"通道"面板中可以观察到一个快速蒙版通道，如图 4.110 所示。

图 4.110

4.5.3 编辑快速蒙版

默认情况下，快速蒙版为透明度 50% 的红色，用户可以根据绘制图像的需要，设置快速蒙版选项，以便更好地使用快速蒙版功能。在图像信息中打开图像，双击工具箱中的"以快速蒙版模式编辑"按钮 ▣，弹出"快速蒙版选项"对话框，在"颜色"选项组的"不透明度"文本框中输入不透明度数据，单击"确定"按钮即可，如图 4.111 所示。

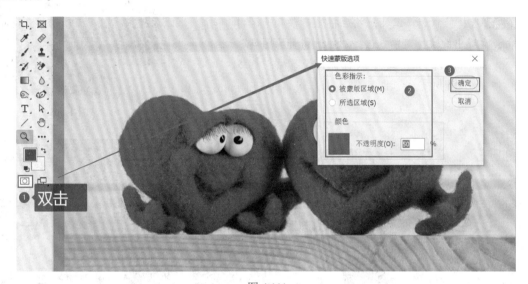

图 4.111

4.5.4 项目：快速蒙版抠玩偶

当希望选择的区域比较复杂时，我们可以使用快速蒙版创建选区。通过快速蒙版创建的选区可以反复进行修改，多用于复杂外形的抠图。抠图前后的对比效果分别如图 4.112 和图 4.113 所示。

图 4.112

图 4.113

操作步骤：

Step 1 ▶ 打开素材图片，如图 4.112 所示，我们希望将布偶从复杂的背景中分离出来。

Step 2 ▶ 单击工具箱最下方的"以快速蒙版模式编辑"按钮，背景图层变为红色，如图 4.114 所示。

图 4.114

Step 3 ▶ 调整工具栏中的画笔大小和硬度，在玩偶上
涂抹，使其变成红色，如图 4.115 所示。如果绘制有
误可用橡皮擦修改，最终得到布偶区域。

Step 4 ▶ 最后单击"以标准模式编辑"按钮，即可得
到准确的选区，如图 4.116 和图 4.117 所示。

Step 5 ▶ 选择任意选择工具，然后将光标移至选区内
右击，在弹出的快捷菜单中选择"通过拷贝的图层"
命令，找出玩偶，独立成层。将背景层隐藏，最终
效果如图 4.113 所示。

图 4.115

图 4.116

图 4.117

读书笔记 ▶

模块 5

01 02 03 04 **05** 06 07

图像绘制

5.1 绘画工具

5.1.1 画笔工具

画笔工具✐，与现实中画笔的使用方法相似，选择相应的画笔笔尖，在文档中拖动鼠标，便可以用前景色在画面中轻松地绘制出线条。使用画笔时，可以通过单击打开画笔工具选项栏中的"画笔预设"选取器，如图 5.1 所示，在"画笔预设"选取器里，可以设置画笔大小、硬度和不同形态的笔触。

图 5.1

5.1.2 画笔设置

在 Photoshop 的工具箱中，有许多种像画笔一样可以进行绘画操作的工具，如画笔工具、铅笔工具、仿制图章工具、历史记录画笔工具、橡皮擦工具、加深工具、模糊工具等。这类工具都需要对画笔笔尖进行设置。画笔笔尖可以通过"画笔"与"画笔设置"面板进行设置。通过"画笔"和"画笔设置"面板的使用，能够使画笔类工具的笔触更加丰富。

"画笔设置"面板可以设置的画笔属性很丰富，如画笔的形状动态、散布、纹理、双重画笔、颜色动态、传递、画笔笔势等。执行"窗口 / 画笔"命令，打开"画笔设置"面板，在该面板左侧的列表中显示着可供设置的画笔选项，选中即可启用该设置，然后单击该选项的名称，使其处于高亮显示的状态，即可进行该选项的设置，如图 5.2 所示。下面对部分常用选项的作用进行介绍。

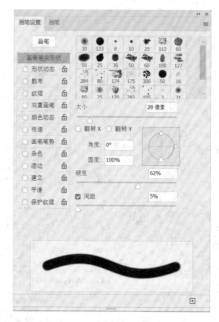

图 5.2

1. 画笔笔尖形状

"画笔笔尖形状"选项是"画笔设置"面板中默认显示的页面，如图 5.2 所示。在"画笔笔尖形状"设置页面中可以设置画笔的形状、大小、硬度和间距等基本属性，其属性功能如下。

◆ **大小**：控制画笔的大小，可以直接输入像素值，也可以通过拖动滑块来设置画笔大小。

◆ **翻转 X/Y**：可以将画笔笔尖在其 X 轴或 Y 轴上进行翻转。

◆ **角度**：指定椭圆画笔或样本画笔的长轴在水平方向旋转的角度。

◆ **圆度**：设置画笔短轴和长轴之间的比率。当"圆度"为 100% 时，表示圆形画笔；当"圆度"为 0% 时，表示线性画笔；0%～100% 的"圆度"表示椭圆画笔。

◆ 硬度：控制画笔硬度中心的大小。数值越小，画笔的柔和度越高。

◆ 间距：控制描边中两个画笔笔迹之间的距离。数值越大，笔迹之间的间距越大。

2. 形状动态

选中"形状动态"复选框并单击"形状动态"，进入其设置页面，如图 5.3 所示。其属性功能如下。

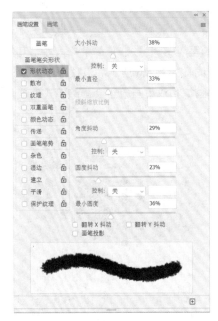

图 5.3

◆ 大小抖动 / 控制：指定描边中画笔笔迹大小的改变方式。数值越高，图像轮廓越不规则。

在"控制"下拉列表中可以设置"大小抖动"的方式，其中"关"选项表示不控制画笔笔迹的大小变换；"渐隐"选项是按照指定数量的步长，在初始直径和最小直径之间渐隐画笔笔迹的大小，使笔迹产生逐渐淡出的效果；如果计算机配置有绘图板，可以选择"钢笔压力""钢笔斜度""光笔轮"或"旋转"选项，然后根据钢笔的压力斜度、钢笔位置或旋转角度改变初始直径和最小直径之间的画笔笔迹大小。

◆ 最小直径：当启用"大小抖动"选项以后，通过

该选项可以设置画笔笔迹缩放的最小缩放百分比。数值越高，笔尖的直径变化越小。

◆ 倾斜缩放比例：当"大小抖动"设置为"钢笔斜度"选项时，该选项用来设置倾斜缩放比例。

◆ 角度抖动 / 控制：用来设置画笔笔迹的角度。如果要设置"角度抖动"的方式，可以在下面的"控制"下拉列表中进行选择。

◆ 圆度抖动 / 控制 / 最小圆度：用来设置画笔笔迹的圆度在描边中的变化方式。要设置"圆度抖动"的方式，可以在下面的"控制"下拉列表中进行选择。"最小圆度"选项可以用来设置画笔笔迹的最小圆度。

◆ 翻转 X/Y 抖动：将画笔笔尖在其 X 轴或 Y 轴上进行翻转。

3. 散布

选中"散布"复选框并单击"散布"，进入其设置页面，如图 5.4 所示。下面介绍其选项功能。

图 5.4

◆ 散布 / 两轴 / 控制：指定画笔笔迹在描边中的分散程度，该值越高，分散的范围越广。当选中"两轴"复选框时，画笔笔迹将以中心点为基准，向两侧分散。如果要设置画笔笔迹的分散方式，可

以在下面的"控制"下拉列表中进行选择。

◆ 数量：指定在每个间距应用的画笔笔迹数量。数值越高，笔迹重复的数量越大。

◆ 数量抖动／控制：指定画笔笔迹的数量如何针对各种间距产生变化。如果要设置"数量抖动"的方式，可以在下面的"控制"下拉列表中进行选择。

4. 纹理

选中"纹理"复选框并单击"纹理"，进入其设置页面，如图 5.5 所示。其选项功能如下。

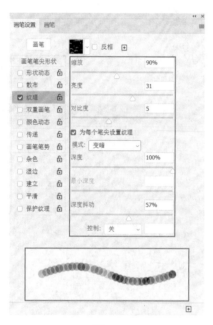

图 5.5

◆ 设置纹理／反相：单击图案缩略图右侧的倒三角按钮，可以在弹出的"图案"拾色器中选择一个图案，并将其设置为纹理。如果选中"反相"复选框，可以基于图案中的色调来反转纹理中的亮点和暗点。

◆ 缩放：设置图案的缩放比例，数值越小，纹理越多。

◆ 为每个笔尖设置纹理：将选定的纹理单独应用于画笔描边中的每个画笔笔迹，而不是作为整体应用于画笔描边。如果取消选中"为每个笔尖设置纹理"复选框，下面的"深度抖动"选项将不可用。

◆ 模式：设置用于组合画笔和图案的混合模式。

◆ 最小深度：当"深度抖动"下面的"控制"选项

设置为"渐隐""钢笔压力""钢笔斜度"或"光笔轮"并且选中"为每个笔尖设置纹理"复选框时，"最小深度"选项用来设置油彩可渗入纹理的最小深度。

◆ 深度抖动／控制：当选中"为每个笔尖设置纹理"复选框时，"深度抖动"选项用来设置深度的改变方式。要指定如何控制画笔笔迹的深度变化，可以从下面的"控制"下拉列表中进行选择。

5. 双重画笔

制作"双重画笔"效果，首先需要设置"画笔笔尖形状"及主画笔参数属性，然后选中"双重画笔"复选框，并从"双重画笔"选项中选择另外一个笔尖（即双重画笔）。其参数非常简单，大多与其他选项中的参数相同，如图 5.6 所示。最顶部的"模式"选项指选择主画笔和双重画笔组合画笔笔迹时要使用的混合模式。

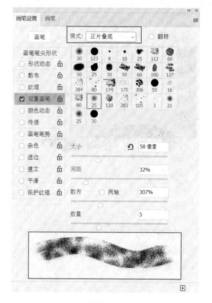

图 5.6

6. 颜色动态

选中"颜色动态"复选框并单击"颜色动态"，进入其设置页面，如图 5.7 所示。其选项功能如下。

◆ 前景／背景抖动／控制：用来指定前景色和背景色之间的油彩变化方式。数值越小，变化后的颜色越接近前景色；数值越大，变化后的颜色越接近背景色。如果要指定如何控制画笔笔迹的颜色变化，可以在下面的"控制"下拉列表中进行选择。

◆ 色相抖动：设置颜色的变化范围。数值越小，颜色越接近前景色；数值越大，色相变化越丰富。

◆ 饱和度抖动：设置颜色的饱和度变化范围。数值越小，饱和度越接近前景色；数值越大，色彩饱和度越高。

◆ 亮度抖动：设置颜色的亮度变化范围。数值越小，亮度越接近前景色；数值越大，颜色的亮度值越大。

◆ 纯度：用来设置颜色的纯度。数值越小，笔迹的颜色越接近于黑白色；数值越大，颜色饱和度越高。

7. 传递

选中"传递"复选框并单击"传递"，进入其设置页面，如图 5.8 所示。"传递"选项中包含不透明度、流量、湿度、混合等抖动的控制，其作用如下。

图 5.7

图 5.8

◆ 不透明度抖动 / 控制：指定画笔描边中油彩不透明度的变化方式，最高值是选项栏中指定的不透明度值。

◆ 流量抖动 / 控制：用来设置画笔笔迹中油彩流量的变化程度。

◆ 湿度抖动 / 控制：用来控制画笔笔迹中油彩湿度的变化程度。

◆ 混合抖动 / 控制：用来控制画笔笔迹中油彩混合的变化程度。

5.1.3 项目：为画面增添暗角

有时候为了突出画面的主体，我们会将图片的 4 个角压暗，对比效果如图 5.9 和图 5.10 所示。

图 5.9

图 5.10

操作步骤：

Step 1 ▶ 打开素材图片，如图5.9所示。 先选择吸管工具， 在画面颜色较深的部分吸取颜色， 如图5.11所示。

Step 2 ▶ 选择画笔工具，在其选项栏中设置较大的画笔，将"大小""硬度"都设置到合适的数值，适当降低"不透明度"的数值，如图5.12所示。 然后在画面四角处拖动鼠标，使之变暗，让4个人物更突出。

Step 3 ▶ 最终效果如图5.10所示。

图5.11

图5.12

5.2 位图与矢量图

5.2.1 位图

位图图像一般由Photoshop和PhotoshopImpact、Paint等图像软件制作生成，可以表达出色彩丰富、过渡自然的图像效果。数码相机拍摄的照片和扫描仪扫描的图片也都是以位图形式保存的。位图的缺点是在保存时电脑需要记录每个像素点的位置和颜色，图像像素点越多，分辨率越高，图像越清晰，文件所占用的硬盘空间越大。且位图图像放大，其相应的像素点也会放大，当像素点被放大到一定程度后，图像就会变得不清晰，其边缘会出现锯齿。图5.13左图为位图图像的原始效果，右图为图像被放大后的局部效果。可以看出，图像放大后显示出非常明显的像素块。

读书笔记 ▶

图5.13

5.2.2 矢量图

矢量图形由一系列线条所构成，而这些线条的颜色、位置、曲率、精细等都是通过许多复杂的公式表达的。文件大小与输出的打印尺寸几乎没有什么关系，这一点与位图图像的处理正好相反。矢量图形的线条非常光滑、流畅，即使被放大也能保持良好的光

滑度及比例相似性，且其占用磁盘空间相对较
小，矢量图的文件尺寸取决于图形中所包含对
象的数量和复杂程度，它的颜色都是以面来计
算的，因此它不像位图图像那样能够表现很丰
富、细腻的细节。最常见的矢量图形是企业的
LOGO、卡通图像、漫画等。如图 5.14 所示，
左图为原图，右图为放大的图像。

图 5.14

5.3 文字应用

Photoshop 提供了 4 种创建文字的工具，如图 5.15 所示。横排文字
工具和直排文字工具主要用来创建点文字、段落文字和路径文字；横排
文字蒙版工具和直排文字蒙版工具主要用来创建文字选区。

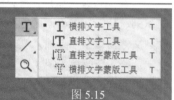

图 5.15

5.3.1 文本创建

Photoshop 中包含两种文字工具，分别是横排
文字工具、直排文字工具。横排文字工具组与直排
文字工具组的选项栏参数相同，包括更改文本方
向、文字字体，设置字体样式、文字大小、文本对
齐、文本颜色，消除锯齿等，如图 5.16 所示。其作用
如下。

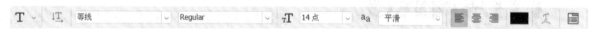

图 5.16

◆ **切换文本取向** ⊥：默认输入的文字、蒙版和选
框沿水平方向排列，单击此按扭之后，文字沿垂
直方向排列。

◆ **设置字体** 等线：单击下拉列表可以设
置字体。

◆ **设置字体样式** Regular：用来为字体设置样
式，只对英文字体有效。

◆ **设置字体大小** 14点：可以设置字体大小。如
果列表中没有合适的字体值，可以在文本框中直
接输入所需的数值。

◆ **设置消除锯齿的方法** 平滑：可以选择消除
锯齿的方法。选择"无"时，表示不进行消除锯
齿处理。

◆ **设置文本对齐方式**：用于设置文字、蒙版和
选框的对齐方式。水平方向排列时，对齐方式分
别是左对齐、居中对齐、右对齐；垂直方向排列
时，对齐方式分别是上对齐、居中对齐和下对齐。

◆ **设置文本颜色**：在弹出的"拾色器"对话框中，
可以设置所输入文字的颜色。

◆ **创建文字变形** ⊥：在弹出的"变形文字"对话
框中，可以创建变形文字。

◆ **切换字符和段落面板**：可以打开"字符"和"段
落"面板。

文本大体可分为"点文本"和"段落文本"两种。
管理这两种文字编辑的是"字符"面板和"段落"面板，
如图 5.17 和图 5.18 所示。下面介绍使用方法。

图 5.17　　　　　　　　图 5.18

1. 点文本

选择横排文字工具，在其选项栏中可以设置字体的系列、样式、大小、颜色和对齐方式等，将光标移动到文件窗口中需要输入文本的位置，单击即可输入文字，输入后效果如图 5.19 所示。要想使输入的文字为直排方式，选择直排文字工具，使用与横排文字工具相同的操作步骤输入文字即可，如图 5.20 所示。

图 5.19

图 5.20

若输入一段文本后发现输入的文字始终在一行里，这样后面输入的文字就超出了所建文件的显示范

围，此时要将文本全部显示出来就需要对文本进行换行操作，将光标移动到要换行的位置，按 Enter 键即可进行换行，效果如图 5.21 和图 5.22 所示。

图 5.21

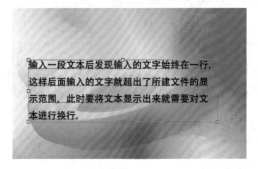

图 5.22

对输入的文本进行相关设置后，按 Ctrl+Enter 快捷键或单击选项栏上的 ✔ 按钮，即可完成输入，也可单击工具箱中的其他工具以完成输入。在确定完成输入后，"图层"面板中会生成一个新的文字图层。

2. 段落文本

在输入文字时，如果是大篇幅的文本，输入后手动进行换行会降低工作效率，此时可以使用段落文本输入方式进行输入。段落文本与点文本最大的差别在于，段落文本可以指定文本的范围。在输入文字时，当文字达到指定边界框的边缘时会自动换行。而调整边界框大小时，文字也将自动换行；如果输入的内容是英文，并且一个单词在行尾排不下时，软件还会自动断行输入，即在英文单词间自动加入连字符。

选择横排文字工具，将光标移动到文件窗口中，当光标变换为状态时拖动拉出一个文本框，如图 5.23 所示。输入文字后，当文字到达文本框的边界时会自动换行，效果如图 5.24 所示。输入完成后按 Ctrl+Enter 快捷键，即可完成输入。

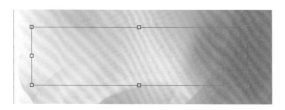

图 5.23

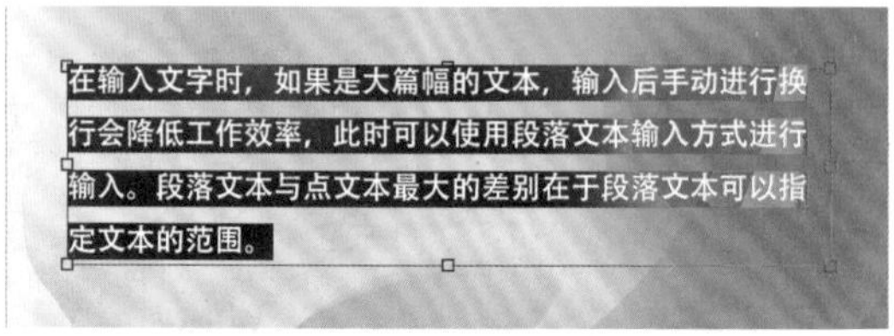

图 5.24

3. 文字蒙版工具

在 Photoshop 中还有一种输入方式，即用文字蒙版工具输入文本，产生一个文本选取范围，以便制作一些特殊文字。文字蒙版转换为选取范围后不能再用文字工具进行编辑，但作为选区，可以进行填充、变形等。按 Ctrl 键的同时单击文字图层，可以得到文字的选区。

选择横排文字蒙版工具，移动光标在画布上单击，以点文本的方式输入文字（或者在画布上拖拉出一个文本框并以段落文本的方式输入文字），此时可以看到画面呈红色的蒙版模式，如图 5.25 所示。

图 5.25

输入文字后，在蒙版模式下编辑文字的内容和属性，完成编辑后单击工具选项栏上的"确定"按钮✓，文字蒙版自动转换为选取范围，如图 5.26 所示。

图 5.26

5.3.2 文本编辑

1. 显示段落文本框

当文本没有处于编辑状态时，段落文本框会隐藏起来。这时用文字工具在段落文本上单击或者双击文字图层的缩略图，都可以进入编辑状态，同时可看到文本框。

2. 点文本和段落文本的转换

与更改文字的方向相同，点文本与段落文本也是可以相互转换的。如果当前选择的是点文本，执行"文字 / 转换为段落文本"命令，可以将点文本转换为段落文本；如果当前选择的是段落文本，执行"文字 / 转换为点文本"命令，可以将段落文本转换为点文本。相互转换的段落文本和点文本如图 5.27 和图 5.28 所示。

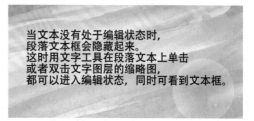

图 5.27

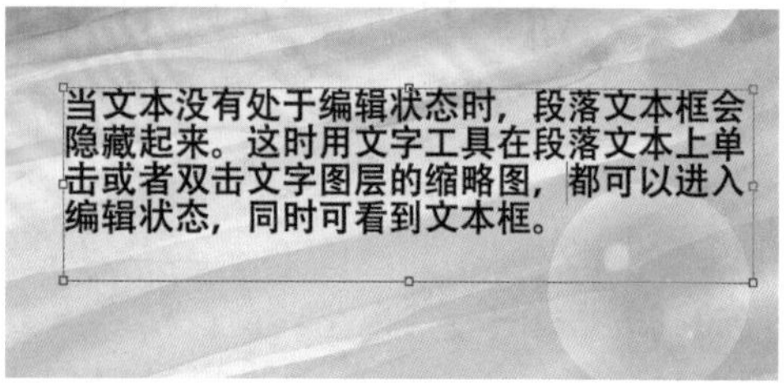

图 5.28

3. 修改文本

修改已经创建的点文本或段落文本的内容，方法为在工具箱中选择文字工具，光标移动到已有文本的上方并呈现编辑状态时，单击鼠标，进入文本编辑状态。修改完成后，单击文字工具选项栏中的"确定"按钮 ✓，即可结束编辑。

修改文本不仅可以编辑段落文本，还可以编辑段落文本框。我们可以对文本边界框进行缩放、旋转和倾斜等操作，从而得到一些特殊的效果。

◆ **缩放段落文本框**：将光标移动到控制点上，在光标呈现双箭头状时，拖动控制点，可以放大或者缩小文本框。文本框缩放后，文字的大小不会变化，要使文字随文本框一起缩放，应按住 Crtl 键再拖动控制点。

◆ **旋转段落文本框**：将光标移动到控制点上，在光标呈现编辑状态时，拖动控制点，可以旋转文本框，如图 5.29 和图 5.30 所示。

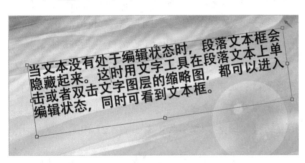

图 5.29

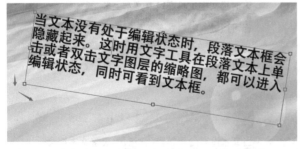

图 5.30

5.3.3 编辑字符

文字不仅可以传达信息，也是最直接的视觉传达

方式，在画面中运用好文字，首先要掌握的是字体、字号、字距、行距等参数的设置，也就是要掌握好"字符"面板的使用。

执行"窗口 / 字符"命令，可以显示或隐藏"字符"面板，用户可以通过面板来设定、编辑文本的字符属性，如图 5.31 所示。下面介绍常用属性及其功能。

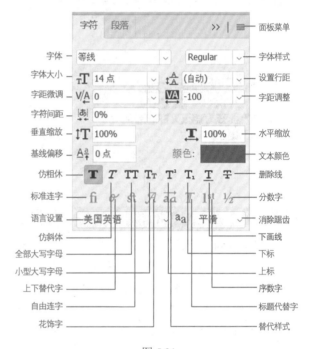

图 5.31

◆ **字体**：一般系统中会安装大量的字体，用户在使用时单击字体下拉列表选择即可。

◆ **字体大小**：选择要改变的文字，在"字符"面板内输入数值。也可以在工具选项栏中修改文字的大小，文字大小的单位可以是 cm、mm 等，也可以是点（pt），打印时使用的单位是 pt，所以单位 pt 使用最广。

◆ **设置行距**：行距是指两行文字间基线位置的距离。要调整文字的行距，应先选中文字，然后在"设置行距"下拉列表中选择合适的行距或输入数值确定行距的大小。如果选择"自动"，系统会自动以最大字符尺寸的 120% 作为行距。图 5.32 和图 5.33 所示为字号相同而行距不同的两行文字的效果。

图 5.32

图 5.33

◆ **字距微调**：字距微调是增加或减少特定字母之间间距的过程。可以手动控制字距微调，或者可以使用自动字距微调打开字体设计者内置在字体中的间距微调功能。系统默认是自动控制间距。需要修改时，选择文字工具，在两字符间单击，光标会在两个字符间有一个插入点，在"字符"面板中输入数值以控制间距。图 5.34 和图 5.35 所示为不同字距微调设置的变化。

图 5.34

图 5.35

◆ **字符间距**：如果要调整多个字符的间隔，需要在字符间距选框中进行设置。选中要更改间距的字符，然后在"字符"面板的"字符间距"中输入数值，即可改变文字之间的间距。图 5.36 和图 5.37 所示为不同间距的效果。

图 5.36

图 5.37

◆ **水平缩放 / 垂直缩放**：文字的缩放是指改变文字的水平或垂直缩放比，首先选取要进行缩放的文字，然后在"字符"面板的"水平缩放"或"垂直缩放"处输入数值，即可将文字拉宽或拉窄。图 5.38 所示为原图，图 5.39 所示为垂直缩放，图 5.40 所示为水平缩放。

图 5.38

图 5.39

图 5.40

◆ 基线偏移：基线移动控制文字与其基线的距离，升高或降低选中的文字可创建上标或下标。首先选中要升高或降低的文字，在"字符"面板中为基线输入移动值。正值使横排文字上移，使直排文字移向基线右侧；负值使横排文字下移，使直排文字移向基线左侧。图 5.41 和图 5.42 所示分别为基线移动正、负 30 点的效果。

图 5.41

图 5.42

◆ 文本颜色：在默认情况下，文字的颜色为前景色。可以在输入后更改文字的颜色，先选中要更改颜色的字符或者文字层，然后单击"字符"面板中的颜色选取框，在弹出的"拾色器"对话框中设置好更改的颜色后，单击工具栏中的"确定"按钮✓即可。

◆ 文字样式（设置字型）：设置文字的效果，共有"仿粗体""仿斜体""全部大写字母""小型大写字母""上标""下标""下画线""删除线"8 种，效果如图 5.43 所示。

◆ 语言设置：用于设置文本连字符和拼写的语言类型。

◆ 消除锯齿：输入文字后，可以在选项栏中为文字指定一种消除锯齿的方式。

读书笔记

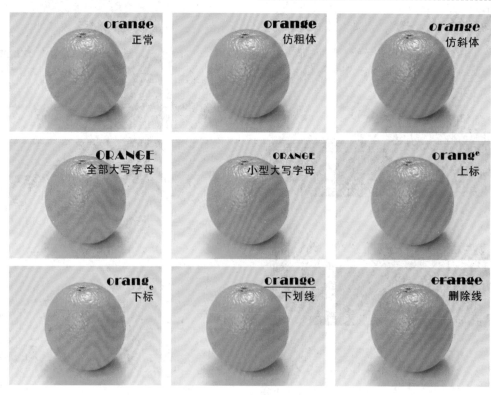

图 5.43

5.3.4 设置段落

输入文字时，在画面上拖动可以拖动出一个文本框，通过这种方式输入的文本称为段落文本，它可以通过"段落"面板进行调整。执行"窗口／段落"命令，可以控制"段落"面板的显示和隐藏。在系统默认情况下，一般将段落和字符放在同一面板中，如图 5.44 所示。"段落"面板中各选项作用如下。

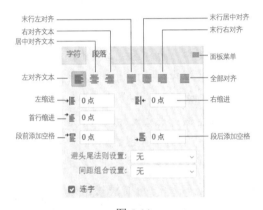

图 5.44

1. 段落对齐

可以将文字与段落的一端对齐或将文字与段落两端对齐；对齐选项适用于点文本和段落文本；对齐段落选项仅适用于段落文字。选中要设定对齐方式的段落，单击"段落"面板中任意一个对齐方式按钮，将会以该方式对齐段落中的文本。

横排文字的对齐方式有以下 3 种。

◆ 左对齐文本：使段落左端对齐，如图 5.45 所示。

◆ 居中对齐文本：使段落中间对齐，两端对不齐，如图 5.46 所示。

◆ 右对齐文本：使段落右端对齐，如图 5.47 所示。

直排文字的对齐方式有以下 3 种。

◆ 顶对齐文本：使段落底部参差不齐，如图 5.48 所示。

◆ 居中对齐文本：使段落顶端和底部参差不齐，如图 5.49 所示。

◆ 底对齐文本：使段落顶端参差不齐，如图 5.50 所示。

图 5.45

图 5.46

图 5.47

图 5.48

图 5.49

图 5.50

除了将段落文本对齐，还可以指定段落文本中的某一行对齐。例如横排文字的对齐选项有以下 4 种。

◆ **末行左对齐**：除最后一行外的所有行强制对齐，最后一行左对齐，如图 5.51 所示。

◆ **末行居中对齐**：除最后一行外的所有行强制对齐，最后一行居中对齐，如图 5.52 所示。

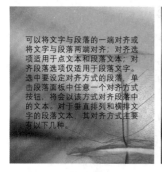
图 5.51

图 5.52

◆ **末行右对齐**：除最后一行外的所有行强制对齐，最后一行右对齐，如图 5.53 所示。

◆ **全部对齐**：所有行全部对齐，如图 5.54 所示。

图 5.53

图 5.54

2. 段落缩进

缩进是指定文字与定界线之间与包含该文字的行之间的间距量，设置余白。段落的缩进主要分为左缩进、右缩进和首行缩进。

◆ **左缩进**：从段落左端缩进。对于直排文字，该选项控制从段落顶端的缩进，如图 5.55 所示。

◆ **右缩进**：从段落右端缩进。对于直排文字，该选项控制从段落底端的缩进，如图 5.56 所示。

图 5.55

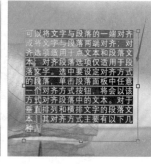
图 5.56

◆ **首行缩进**：缩进段落中的首行文字，设置余白。对于横排文字，首行缩进与左缩进有关；对于直排文字，首行缩进与顶端缩进有关。要创建首行悬挂缩进，需输入一个负值，如图 5.57 所示。

◆ **段前添加空格**：设置光标所在段落与前一个段落之间的间隔距离，如图 5.58 所示是段前添加空格为 10 点的段落效果。

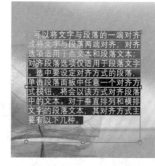
图 5.57

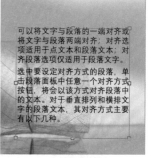
图 5.58

◆ **段后添加空格**：设置光标所在段落与后一个段落之间的间隔距离，如图 5.59 所示是段后添加空格为 10 点的段落效果。

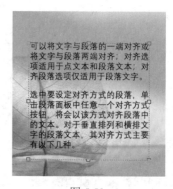
图 5.59

3. 避头尾法设置

不能出现在一行的开头或结尾的字符称为避头尾字符，选择"JIS 宽松"或"JIS 严格"选项，可以防止在一行的开头或结尾出现不能使用的字母。

4. 间距组合设置

间距组合是为日语字符、罗马字符、标点和特殊字符在行开头、行结尾和数字间距指定的日语文本编排。选择"间距组合 1"选项，可以对标点使用半角间距；选择"间距组合 2"选项可以对行中除最后一个字符外的大多数字符使用全角间距；选择"间距组合 3"选项可以对行中的大多数字符和最后一个字符使用全角间距；选择"间距组合 4"选项，可以对所有字符使用全角间距。

5. 连字

对英文进行排版时，经常会遇到行末单词较长而在行尾排不下的情况，系统会自动将它放到下一行的开始位置。如果这个单词含有的字母很多，则有可能在上一行的末尾留出一个很大的空档。为了解决这样的问题，需要在"段落"面板中选中"连字"复选框，系统就会自动在必要的位置把单词分为两段，中间用连字符连接。有时连字的效果不是特别理想，用户可以在"段落"面板弹出的下拉式菜单中选择"连字符连接"命令，根据需要在弹出的对话框中设置相应参数，详细设置 Photoshop 的此项功能。

5.3.5 文字变形与文本层

1. 文字变形

可以通过字号、颜色和位置等对文字进行设置，从而对文字进行变形，用文字变形命令可以实现一些特殊的效果。

文字变形的操作方法如下。

（1）选择工具箱中的文字工具，输入文字，在"字符"面板中对文字进行设定，产生一个新的文字图层。

（2）选中要变形的文字图层，执行"文字 / 文字变形"命令，或者直接在文字工具的选项栏中单击"创建文字变形"按钮，都可以打开"变形文字"对话框，如图 5.60 所示。"样式"下拉列表中有 15 种文字变形方式，如图 5.61 所示。选择其中一种，并在"变形文字"对话框中调整其变形的程度。

图 5.60　　　　　　　图 5.61

"变形文字"对话框的参数说明如下。

◆ **水平、垂直**：选择是对水平方向还是垂直方向进行变形。

◆ **弯曲**：设定文字弯曲的程度。

◆ **水平扭曲**：设定文字在水平方向透视扭曲变形的程度。

◆ **垂直扭曲**：设定文字在垂直方向透视扭曲变形的程度。

文字变形后，文本可以再修改，变形的方式和程度也可以再调整，调整时选中要调整的文字图层，并在工具箱中选择文字工具，单击其工具选项栏中的"创建文字变形"按钮，就可以打开"变形文字"对话框，在此进行调整。

读书笔记

\-
\-
\-
\-

2. 文字变形的效果

扇形效果如图 5.62 所示。

其他效果如图 5.63 所示。

3. 文字图层的转换

创建文字图层后，可以编辑文字并对其应用图层命令。可以更改文字方向、应用消除锯齿、在点文本与段落文本之间转换、基于文字创建工作路径或将文字转换为形状。可以像处理正常图层那样，移动、重新叠放、复制和更改文字图层的图层选项。

文字图层建立后，可以执行"文字"命令，单击后可以出现其子菜单，在这个菜单中我们可以对文字进行一些基本的操作，如图 5.64 所示。下面介绍几种常用操作。

图 5.62

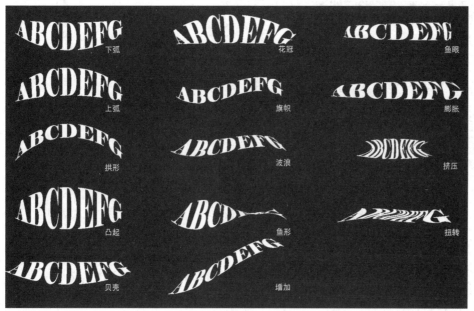

图 5.63

图 5.64

◆ 创建工作路径：工作路径是出现在"路径"面板中的临时路径，用于定义形状的轮廓。基于文字图层创建工作路径之后，就可以像对任何其他路径那样存储和操纵该路径。但是，不能将此路径中的字符作为文本进行编辑（原文字图层保持不变并可编辑）。在选中文字图层后，执行"文字/创建工作路径"命令，Photoshop 会沿文字的边界产生一个工作路径。通过使用创建工作路径的方法，可以把文字作为矢量图形进行编辑，从而可以制作一些文字变形或填充的特殊效果。

◆ 转换为形状：在将文字转换为形状后，文字图层被替换为具有矢量蒙版的图层。用户可以编辑矢量蒙版，并对图层应用样式。但是，无法在图层中将字符作为文本进行编辑。选中文字图层后，执行"文字 / 转换为形状"命令，Photoshop 会把文字图层转换为形状图层。作为形状图层，其中的文字就不再是字符，不可再用文字工具修改。

◆ 栅格化文字图层：在设计中，经常需要制作一些具有特殊效果的文字。当文字为可编辑状态时，许多工具无法对其进行操作，这时用户就需要将文字图层转换为普通图层，转换后不能继续用文字工具编辑，但可以使用各种滤镜。将文字图层转换为普通图层的标准操作是先选择要转换的图层，再执行"文字 / 栅格化文字图层"命令。

读书笔记

5.3.6 文字的其他几种常用操作

1. 文字拼写检查

在检查文档的拼写时，Photoshop 对其词典中没有的字会进行询问，如果被询问的字拼写正确，则可以通过将该字添加到词典中来确认其拼写；如果被询问的字拼写错误，则可以更正它。

检查和更正拼写的方法如下。

（1）在"字符"面板中，从面板底部的弹出式菜单中选取一种语言，这将设置用于拼写检查的词典。

（2）选择要检查的文本，可以选择文字图层。要检查特定的文本，请选择该文本。要检查一个单词，请在该单词中放置一个插入点。

（3）执行"编辑 / 拼写检查"命令，当 Photoshop 找到不认识的字和其他可能的错误时，会弹出"拼写检查"对话框，如图 5.65 所示。

图 5.65

单击"忽略"按钮，以继续进行拼写检查而不更改文本。

单击"全部忽略"按钮，对要进行拼写检查的其余部分忽略有疑问的字。

要改正一个拼写错误，需先确保"更改为"文本框中的字拼写正确，然后单击"更改"按钮。如果建议的字不是想要的字，则可以在"建议"文本框中选择一个不同的字，或者在"更改为"文本框中输入该字。

要改正文档中重复的拼写错误，需先确保"更改为"文本框中的字拼写正确，然后单击"更改全部"按钮即可。

单击"添加"按钮，可使 Photoshop 将无法识别的字存储在词典中，以便以后出现这样的字时不会被标记为错误拼写。

如果选择了一个文字图层，并且只想检查该图层的拼写，则需取消选中"检查所有图层"复选框。

2. 查找与替换文本

可以通过该命令，快捷地查找文本中某些相同的字符，可以查找单个字符、一个单词或一组单词，并可以更改其内容。

查找与替换文本的操作方法如下。

（1）选择包含要查找或替换的文本图层，如果选定了包含文本的图层，需将插入点放置在要搜索的文本的开头。

（2）执行"编辑/查找和替换文本"命令，出现如图 5.66 所示的对话框。

查找和替换文本

查找内容(F):
abc

更改为(C):
a

☑ 搜索所有图层(S)　☐ 区分大小写(E)
☑ 向前(O)　☐ 全字匹配(W)
☐ 忽略重音(G)

完成(D)
查找下一个(I)
更改(H)
更改全部(A)
更改/查找(N)

图 5.66

（3）在"查找内容"文本框中，输入或粘贴想要查找的文本。要更改该文本，则在"更改为"文本框中输入新的文本即可。

5.3.7 项目：制作火焰文字

火焰特效文字是一种常见的特效文字。可以用 Photoshop 文字工具、图层样式来制作文字特效，火焰部分主要运用的是滤镜风格化及液化的操作。

操作步骤：

Step 1 ▶ 执行"文件/新建"命令，弹出"新建文档"对话框，设置文件名称为"火焰文字"，"宽度"为"100毫米"，"高度"为"100毫米"，"分辨率"为"300像素/英寸"，"背景内容"为"黑色"，如图5.67所示。

Step 2 ▶ 选择横排文字工具，设置选项栏上的字体为 Elephant，"字体大小"为"72点"，"文本颜色"为"白色"，在文件窗口中输入文字，如图5.68所示，"图层"面板新增文字图层。

Step 3 ▶ 按Shift+Ctrl+Alt+E组合键，盖印可视图层，此时"图层"面板生成"图层1"，如图5.69所示。执行"编辑/变换/逆时针旋转90度"命令，翻转图像效果如图5.70所示。

读书笔记 ▶

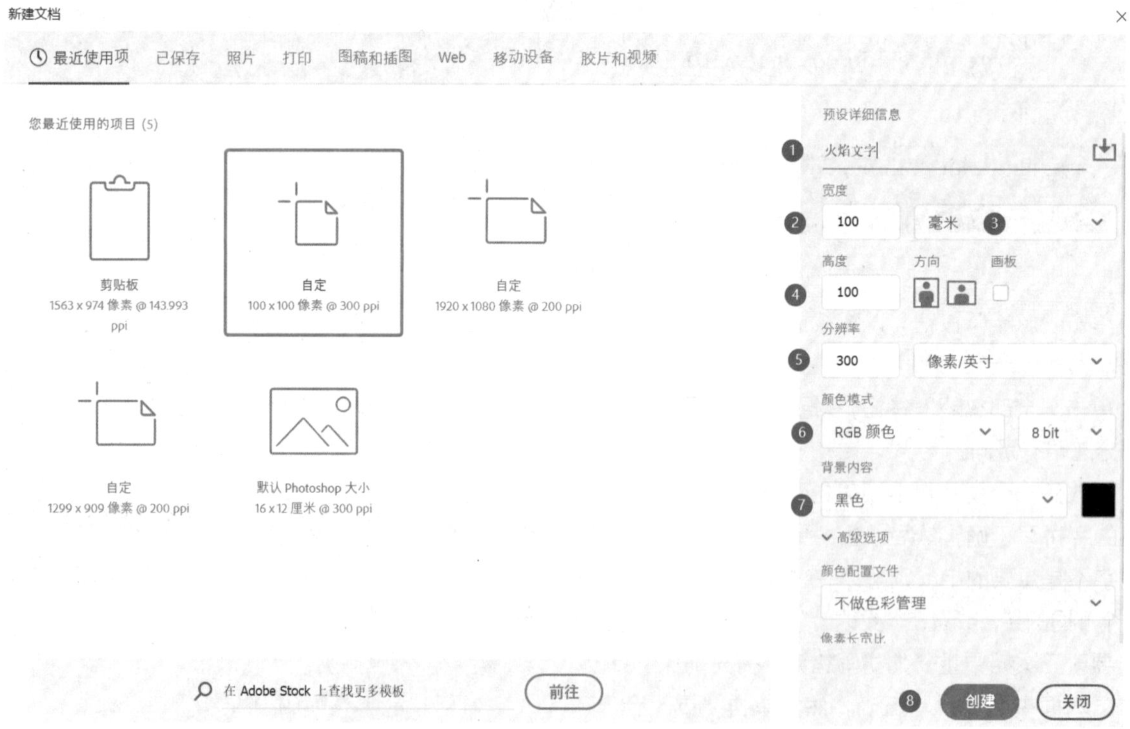

图 5.67

图 5.68

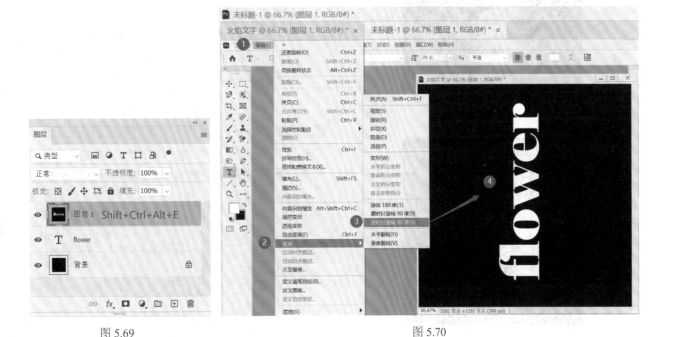

图 5.69   图 5.70

Step 4 ▶ 执行 "滤镜 / 风格化 / 风" 命令，弹出 "风" 对话框，设置参数保持默认，单击 "确定" 按钮，如图 5.71 所示。 按 Ctrl+Alt+F 组合键， 重复执行 3 ～ 5 次， 效果如图 5.72 所示。

Step 5 ▶ 执行 "滤镜 / 模糊 / 高斯模糊" 命令，弹出 "高斯模糊" 对话框，如图 5.73 所示，设置 "半径" 为 2.0 像素，单击 "确定" 按扭，效果如图 5.74 所示。

Step 6 ▶ 执行 "编辑 / 变换 / 顺时针旋转 90 度" 命令，翻转图像，如图 5.75 所示。

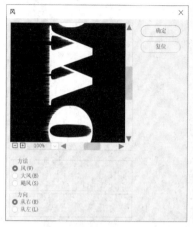

图 5.71

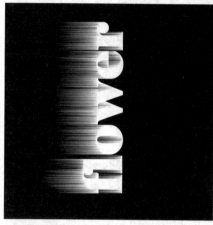

图 5.72

图 5.73

图 5.74

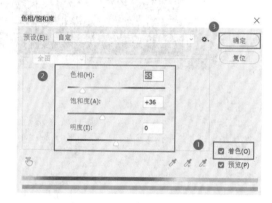

图 5.76

Step 8 ▶ 按 Ctrl+J 快捷键，复制 "图层 1" 为 "图层 1 拷贝"。执行 "图像 / 调整 / 色相 / 饱和度" 命令，弹出 "色相 / 饱和度" 对话框，设置如图 5.77 所示。

图 5.75

Step 7 ▶ 执行 "图像 / 调整 / 色相 / 饱和度" 命令，弹出 "色相 / 饱和度" 对话框，设置如图 5.76 所示。

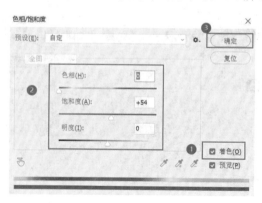

图 5.77

Step 9 ▶ 设置 "图层 1 拷贝" 图层的混合模式为 "颜色减淡", 如图 5.78 所示。

Step 10 ▶ 按 Ctrl+E 快捷键, 向下合并图层。

Step 11 ▶ 执行 "滤镜 / 液化" 命令, 弹出 "液化" 对话框, 选择向前变形工具, 设置面板右侧的工具选项参数, 在窗口中涂抹描绘出火焰, 如图 5.79 所示, 确定后效果如图 5.80 所示。

图 5.78

图 5.79

Step 12 ▶ 拖动文字图层 "flower" 到 "图层 1" 之上, 改变字体颜色为 "深蓝色", 如图 5.81 所示。执行图层样式 "光泽" 及 "斜面和浮雕" 设置, 如图 5.82 和图 5.83 所示。

Step 13 ▶ 先按 Ctrl+E 快捷键, 向下合并图层, 将文字图层 1 和图层 1 合并成 "图层 1"。再按 Ctrl+J 快捷键, 复制 "图层 1" 为 "图层 1 拷贝" 图层。将 "图层 1 拷贝" 图层的混合模式设置为 "滤色", 如图 5.84 所示。

Step 14 ▶ 执行 "编辑 / 变换 / 垂直翻转" 命令, 将 "图层 1 拷贝" 图层垂直翻转过来, 再将不透明度调低, 用移动工具向下移动位置, 如图 5.85 所示。

图 5.80

图 5.81

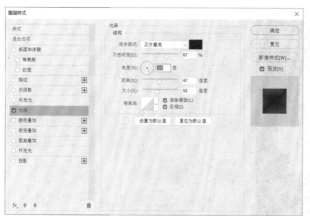

图 5.82

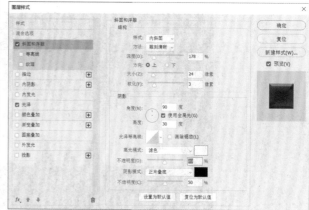

图 5.83

图 5.84

Step 15 ▶ 最终效果如图 5.86 所示。

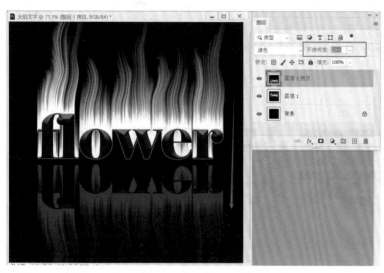

图 5.85

图 5.86

5.3.8 项目：制作创意文字

创意文字制作在海报文字中很常见。本项目是将文字打散，然后再穿插文字，进行细节上的处理。

操作步骤：

Step 1 ▶ 执行"文件/新建"命令，弹出"新建文档"对话框，设置文件名为"创意文字"，"宽度"为"1920像素"，"高度"为"1080像素"，"分辨率"为"200像素/英寸"，"背景内容"为"白色"，如图5.87所示，单击"创建"按钮创建新文档。

Step 2 ▶ 选择横排文字工具输入文字，字体为"汉仪大黑简"、字号为"140点"、颜色为"黑色"，如图 5.88 所示。

图 5.87

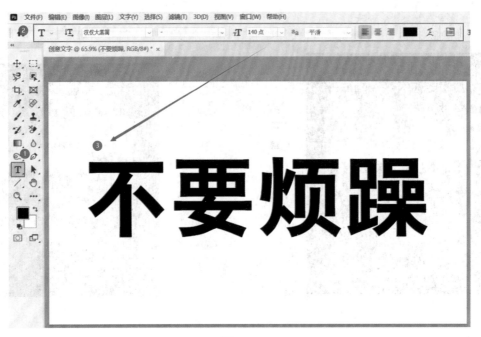

图 5.88

Step 3 ▶ 光标置于文字图层上方右击，在弹出的快捷菜单中选择"栅格化文字"命令，如图 5.89 所示。栅格化后的文字图层显示为普通图层，如图 5.90 所示。

图 5.89

Step 4 ▶ 选择矩形选框工具，建立如图 5.91 所示选区。在选区内右击，在弹出的快捷菜单中选择"通过剪切的图层"命令。选区独立成层为"图层 1"，如图 5.92 所示。

图 5.90

图 5.91

Step 5 ▶ 选择移动工具，将 "图层 1" 向下拖动至如图 5.93 所示效果。

Step 6 ▶ 选择文字工具，字体选择 "方正大标宋简体"，字号为 "62.99点"，颜色为 "绿色"，输入文字，如图 5.94 所示，出现新的文字图层。

图 5.92

图 5.93

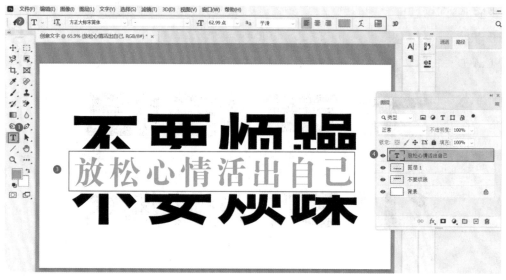

图 5.94

Step 7 ▶ 选择矩形选框工具，建立如图 5.95 所示的选区。新建图层，在选区内右击，在弹出的快捷菜单中选择 "描边" 命令，弹出 "描边" 对话框，设置如图 5.96 所示的参数。

图 5.95

图 5.96

Step 8 ▶ 按 Ctrl+D 快捷键取消选择，得到如图 5.97 所示的效果。

图 5.97

Step 9 ▶ 新建 "图层 3"，选择直线工具，具体设置如图 5.98 所示，在画面中拉出两条直线。

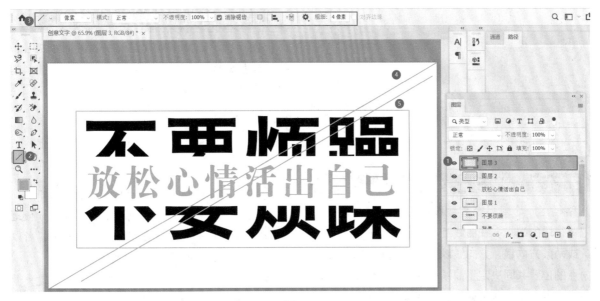

图 5.98

Step 10 ▶ 用选框工具建立如图 5.99 所示选区，选择 "图层 2"，按 Delete 键删除。

Step 11 ▶ 将线条按照以上方法进行处理，最终呈现的效果如图 5.100 所示。

图 5.99

图 5.100

5.4 路径编辑

5.4.1 认识路径

在 Photoshop 中，路径工具可以将各种造型复杂的对象进行精确地选取，制作出各种复杂的效果，它不仅在 Photoshop 中有广泛的应用，还可以将对象放置到其他矢量的设计软件中。

1. 路径

路径是一种不包含像素的轮廓，但是可以使用填充或描边路径。路径可以作为矢量蒙版，控制图层的显示区域，它可以被保存在"路径"面板中或转换为选区。使用钢笔工具和形状工具都可以绘制路径，而且绘制的路径有 3 种形式，分别为开放式、闭合式和组合式，如图 5.101 ～图 5.103 所示。

图 5.101

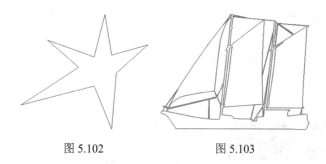

图 5.102　　　　　　　　图 5.103

2. 锚点

路径由一个或多个直线段或曲线段组成，锚点标记路径段的端点。在曲线上，每个选中的锚点显示一条或两条方向线，方向线以方向点结束，方向线和方向点的位置共同决定了曲线段的大小和形状。锚点分为平滑点和角点两种类型。由平滑点连接的路径段可以形成平滑的曲线，如图 5.104 所示；由角点连接起来的路径段可以形成直线或转折曲线，如图 5.105 所示。

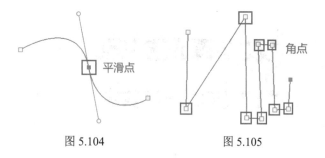

图 5.104　　　　　　　　图 5.105

5.4.2　钢笔工具组

钢笔工具可创建和编辑矢量图形，它是最基本的路径绘制工具，工具面板中提供了钢笔工具、自由钢笔工具、内容识别描摹笔工具、弯度钢笔工具、添加锚点工具、删除锚点工具和转换点工具 7 种工具，如图 5.106 所示。

图 5.106

1. 钢笔工具

使用钢笔工具可以勾画出平滑的曲线路径，在缩放或者变形之后仍能保持平滑效果，钢笔工具提供了最佳的绘图控制和最高的绘图准确度，其选项栏如图 5.107 所示。

图 5.107

钢笔工具选项栏的几个重要选项及作用如下。

◆ **形状**：在单独的图层中创建形状，可以方便地移动、对齐、分布形状图层以及调整大小，所以形状图层非常适合为 Web 创建图形。

◆ **路径**：可使用工作路径来创建选区、创建矢量蒙版，或者使用颜色填充和描边以创建栅格图形。除非存储工作路径，否则它是一个临时路径。路径出现在"路径"面板中。

◆ **像素**：直接在图层上绘制，与画笔工具的功能非常相似。在此模式中工作时，创建的是栅格图像，而不是矢量图形。

◆ **路径操作**：可以从弹出的菜单中选择路径的运算方式。

◆ **合并形状**：将新区域添加到重叠路径区域。

◆ **减去顶层形状**：将新区域从重叠路径区域移去。

◆ **与形状区域相交**：将路径限制为新区域和现有区域的交叉区域。

◆ **排除重叠形状**：从合并路径中排除重叠区域。

◆ **路径对齐方式**：可以对所选路径进行对齐。

◆ **路径排列方式**：可以对所选路径进行排列。

◆ **橡皮带**：要在绘图时预览路径段，需要单击形状按钮旁边的反向箭头按钮，并选择"橡皮带"，将钢笔指针定位在绘图起点处以定义第一个锚点，拖动光标可预览到与下一个锚点之间的连线段。

◆ **自动添加 / 删除**：使用钢笔工具绘制路径时，一般都会选择此选项，若将光标定位到正在绘制的路径上方，光标会变成可添加锚点的图标，当将光标定位到路径锚点上方时，光标会变成可删除锚点的图标。

选择工具箱中的钢笔工具，然后在其选项栏中单击"路径"选项，在画布中单击创建出第一个锚点，然后将光标移动到其他位置按住鼠标左键并拖动，即可创建一个平滑点，以此类推可以完成曲线的绘制，如图 5.108 所示。

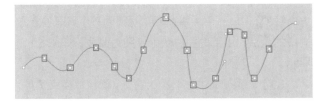

图 5.108

2. 自由钢笔工具

使用自由钢笔工具绘图时，在画布中单击确定路径的起点，按住鼠标左键的同时拖动，画布中会自动以光标滑动的轨迹创建路径，其间将在路径中自动添加锚点。使用自由钢笔工具就像使用铅笔在纸上绘画一样随意。

在选项栏中单击形状按钮旁边的反向箭头按钮，选中"磁性的"复选框，可绘制与图像中所定义区域的边缘对齐的路径。单击 ✿ 按钮，在下拉菜单中可以设置"曲线拟合"，输入 0.5～10.0 的像素值，此值越高，创建的路径锚点越少，路径越简单。图 5.109 为曲线拟合 10 像素的效果，图 5.110 为曲线拟合 1 像素的效果。

图 5.109

图 5.110

3. 内容识别描摹笔工具

将光标悬停在图像边缘并单击，即可创建矢量路径和选区。

选择内容识别描摹笔工具，将光标悬停在图像边缘会出现光亮显示，如图 5.111 所示，单击则创建路径。要添加到路径，将光标悬停在相邻边缘上以高亮显示新的部分，如图 5.112 所示，单击以扩展路径，最后完成整条路径，如图 5.113 所示。

图 5.111

图 5.112　　　　　图 5.113

4. 弯度钢笔工具

弯度钢笔工具可用同样轻松的方式绘制平滑曲线和直线段。使用这个直观的工具，可以在设计中创建自定义形状或定义精确的路径，以便毫不费力地优化图像。在执行该操作时，无须切换工具就能创建、切换、编辑、添加或删除平滑点或角点。

在放置锚点时，如果希望路径的下一段变弯曲，请单击一次，如图 5.114 所示。如果接下来要绘制直线段，请双击，如图 5.115 和图 5.116 所示。Photoshop 会相应地创建平滑点或角点。要将平滑锚点转换为角点，或反之，请双击该点。要移动锚点，只需拖动该锚点。要删除锚点，请单击该锚点，然后按 Delete 键。在删除锚点后，曲线将被保留下来并根据剩余的锚点进行适当调整。

5. 添加/删除锚点工具

通过添加锚点工具可以增强对路径的控制，同时可以扩展开放路径，但最好不要添加过多的锚点，点数较少的路径更易于编辑、显示和打印。也可以通过删除锚点工具来降低路径的复杂性。

6. 转换点工具

选择转换点工具，将光标放在需更改的路径锚点

上，可在平滑点和角点之间进行转换，方法如下。

（1）如果要将直线转换成平滑的曲线，使用转换点工具，选择锚点并拖动出方向线，可得到一个平滑点，将直线转换成平滑的曲线，如图 5.117 和图 5.118 所示。

（2）如果要将平滑的曲线变为尖突的曲线，选择方向线的其中一个端点并拖动，可得到一个具有独立方向线的角点，平滑的曲线变为尖突的曲线，如图 5.119 所示。

（3）如果要将曲线转换为直线，使用转换点工具，直接单击平滑锚点即可完成转换，将平滑点转换为没有方向线的角点。

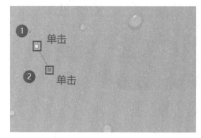

图 5.114

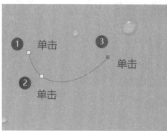

图 5.115

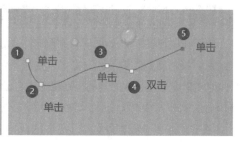

图 5.116

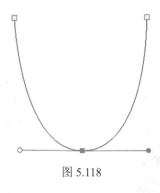

图 5.117　　　　图 5.118

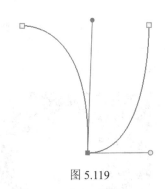

图 5.119

5.4.3 选择工具组

选择工具包括路径选择工具和直接选择工具，如图 5.120 所示。

T 　 ▶ 路径选择工具　A
　 ▶ 直接选择工具　A

图 5.120

1. 路径选择工具

路径选择工具用于整体选择一个或几个路径（要选择多个路径可以在按住 Shift 键的同时单击目标路径）。首先选择路径选择工具，单击路径组件中的任何位置，可选择路径组件，对其进行变形、移动、组合、对齐、平均分布或删除等操作，具体方法与对图层和选择区域的操作类似，其选项栏如图 5.121 所示。

▶ ˅ 选择：现用图层 ˅ 填充： 描边： ──── ˅ W: GD H: □ ∷ ∷ 对齐边缘 ⚙ □约束路径拖动

图 5.121

2. 直接选择工具

直接选择工具用于移动路径的部分锚点或线段，或者调整路径的方向点和方向线，而其他未被选中的锚点或路径段则不会改变。首先选择直接选择工具并单击段上的某个锚点，或在段的一部分上拖动选框，即可选择该路径段，如图 5.122 所示。

图 5.122

5.4.4 "路径"面板

"路径"面板主要用来存储、管理以及调用路径，在面板中显示了存储的所有路径、工作路径和矢量蒙版的名称和缩略图。

1. 打开"路径"面板

执行"窗口 / 路径"命令，打开"路径"面板，如图 5.123 所示。各选项作用如下。

图 5.123

◆ 用前景色填充路径●：单击该按钮，可以用前景色填充路径区域。

◆ 用画笔描边路径○：单击该按钮，可以用设置好的画笔工具对路径进行描边。

◆ 将路径作为选区载入⊙：单击该按钮，可以将路径转换为选区。

◆ 从选区生成工作路径◇：如果当前文档中存在选

区，单击该按钮，可以将选区转换为工作路径。

◆ 添加图层蒙版▯：单击该按钮，可以在当前选区为图层添加图层蒙版。

◆ 创建新路径▣：单击该按钮，可以创建一个新路径。

◆ 删除当前路径▥：将路径拖动至该按钮上，可以将其删除。

2. 选择/取消路径

单击"路径"面板中的路径名称或路径缩略图，都可以选择路径，但一次只能选中一个路径。在面板空白处单击，可取消路径选择。

3. 在"路径"面板中创建新路径

创建路径而不命名，只需单击"路径"面板底部的"创建新路径"按钮即可。创建并命名路径，要按住 Alt 键的同时单击面板底部的"创建新路径"按钮，在弹出的"新建路径"对话框中输入路径的名称，单击"确定"即可。

5.4.5 形状工具组

使用形状工具，可在图像中快速地绘制直线、矩形、圆角矩形、椭圆形和多边形等形状，还可以使用钢笔工具编辑自定形状的属性。形状工具组包括矩形工具、圆角矩形工具、椭圆工具、三角形工具（软件中为"三角型工具"）、多边形工具、直线工具、自定形状工具，如图 5.124 所示。

图 5.124

1. 矩形工具

使用矩形工具，可绘制矩形或正方形的路径和形状。绘制时按住 Shift 键可以绘制出正方形；按住 Alt 键可以鼠标单击处为中心绘制矩形；按住 Shift+Alt 快捷键可以鼠标单击处为中心绘制正方形，在选项栏中单击打开矩形工具，设置选项如图 5.125 所示。单击✿按钮弹出下拉列表，有多个选项可选择。下面介绍一下各选项的作用。

图 5.125

- ◆ **不受约束**：选中该单选按钮，可以绘制出任何大小的矩形。
- ◆ **方形**：选中该单选按钮，可以绘制出任何大小的正方形。
- ◆ **固定大小**：选中该单选按钮，在其后的文本框中输入宽度和高度，然后在图像上单击即可创建出矩形。
- ◆ **比例**：选中该单选按钮，在其后的文本框中输入宽度和高度比例，此后创建的矩形始终保持这个比例。
- ◆ **从中心**：以任何方式创建矩形时，选中该复选框，鼠标单击处即为矩形的中心。

2. 圆角矩形工具

使用圆角矩形工具可绘制带有圆角的矩形的路径和形状，圆角的大小可通过在选项栏内输入数值确定，数值越大，圆角越大，如图 5.126 所示。

图 5.126

3. 椭圆工具

使用椭圆工具可绘制椭圆形或圆形的路径和形状，设置选项与矩形工具相似。如果要椭圆，可以拖动鼠标进行创建；如果要圆形，可按住 Alt 键并以鼠标单击处为中心绘制圆形；也可按住 Shift+Alt 快捷键并以鼠标单击处为中心绘制椭圆，如图 5.127 所示。

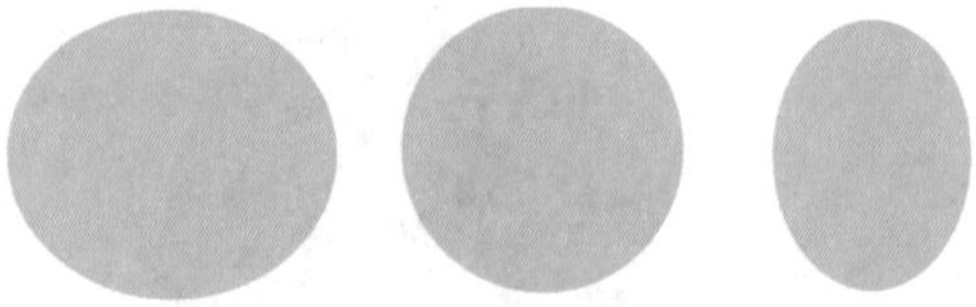

图 5.127

4. 三角形工具

使用三角形工具可绘制任意三角形、等边三角形及固定大小的三角形，将路径选项设置好之后，在画面上拖动鼠标即可，如图 5.128 所示。

5. 多边形工具

使用多边形工具可绘制多边形，改变边数并在画面上拖动将得到相应的多边形，如图 5.129 所示。单击路径选项按钮，打开下拉列表还可以进行相应的设置，得到不同的效果。

图 5.128

图 5.129

6. 直线工具

使用直线工具可绘制直线和箭头的路径和形状。通过设置箭头参数，可以得到箭头图案，如图 5.130 所示。其中几个选项作用如下。

◆ 粗细：设置直线或箭头线的粗细，单位为"像素"。

◆ 起点 / 终点：选中"起点"复选框，可以在直线的起点处添加箭头；选中"终点"复选框，可以在直线的终点处添加箭头；同时选中"起点"和"终点"复选框，则可以在两头都添加箭头。

◆ 宽度：用来设置箭头宽度与直线宽度的百分比，范围为 10% ～ 1000%。

◆ 长度：用来设置箭头长度与直线长度的百分比，范围为 10% ～ 5000%。

◆ 凹度：用来设置箭头的凹陷程度，范围为 -50% ～ 50%。值为 0% 时，箭头尾部平齐；值大于 0% 时，

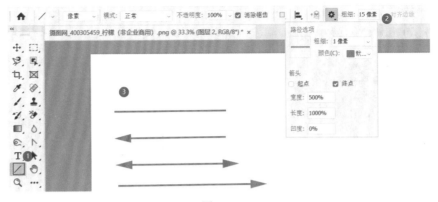

图 5.130

箭头尾部向内凹陷；值小于 0% 时，箭头尾部向外凸出。

7. 自定形状工具

使用自定形状工具可绘制出多种复杂图案的路径和形状，属性栏如图 5.131 所示。这些形状既可以是 Photoshop 的预设，也可以是用户自定义或加载的外部形状。Photoshop 提供了少量的形状，单击"形状"选项下拉按钮，弹出预设形状，如图 5.132 所示。

图 5.131

图 5.132

5.4.6 项目：文字路径制作剪影效果

在平面设计的过程中会遇到一些文字剪影排版的形式，怎么来完成这种排版呢？其实在 Photoshop 中主要用的是形状与文字工具相结合进行制作，非常简单。

操作步骤：

Step 1 ▶ 执行"文件 / 新建"命令，弹出"新建文档"对话框，建立一个宽度 20 厘米、高度 20 厘米、分辨率为 300 像素 / 英寸、背景为白色的文档，如图 5.133 所示。

Step 2 ▶ 选择自定形状工具，前景色为黑色，设置如图 5.134 所示。选择猿形状，在画面中拉出一个猿的形状，如图 5.135 所示。

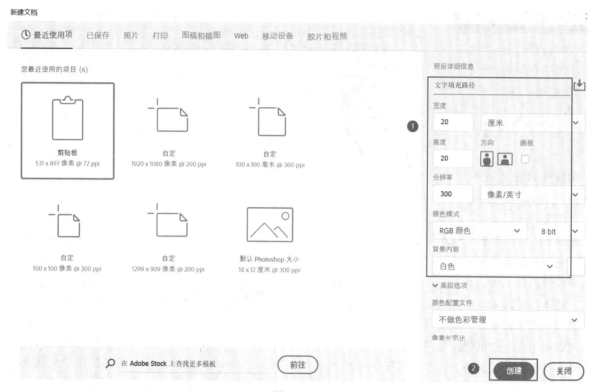

图 5.133

图 5.134

图 5.135

Step 3 ▶ 选择横排文字工具，字符设置如图 5.136 所示。当光标显示为 T 字外面一个圆形的时候，单击输入英文段落文字，如图 5.137 所示，打开"字符"面板，可调整文字的行间距等。最后确认效果如图 5.138 所示。

读书笔记

图 5.136

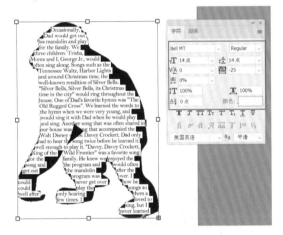

图 5.137

Step 4 ▶ 选择"猿 1"图层，用路径选择工具选中外形路径，如图 5.139 所示。将鼠标移到路径边缘，当光标出现 T 字下方一条曲线时，单击输入文字，如图 5.140 所示。

图 5.138　　　　图 5.139

图 5.140

Step 5 ▶ 适当调整文字的大小，让画面有些变化，如图 5.141 所示，最终效果如图 5.142 所示。

图 5.141　　　　图 5.142

5.4.7　项目：制作剪纸风格装饰画

近年比较流行剪纸风格的装饰画，在 Photoshop 中其实就是用路径、图层与图层样式等处理成层层叠叠的效果。

操作步骤：

Step 1 ▶ 执行"文件/新建"命令，弹出"新建文档"对话框，按如图 5.143 所示设置，完成新文档的创建。

Step 2 ▶ 新建图层，填充为紫色，选择弯度钢笔工具，在画面中勾画出一个闭合路径，如图 5.144 所示。接着按 Ctrl+Enter 快捷键，将路径转换为选区，如图 5.145 所示。

Step 3 ▶ 按 Delete 键删除选区，如图 5.146 所示。

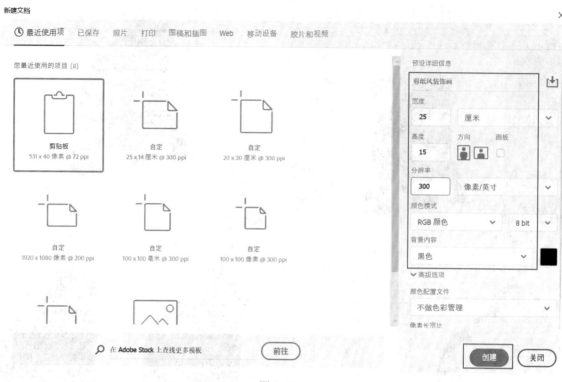

图 5.143

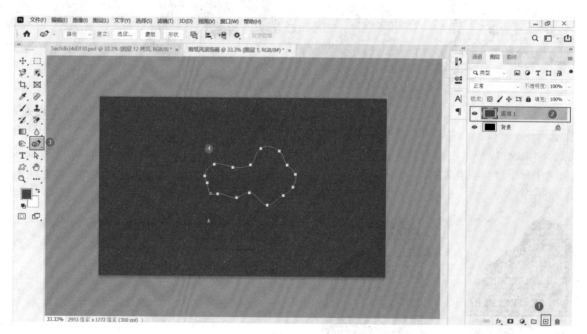

图 5.144

Step 4 ▶ 新建"图层2"，选用自定形状工具，选取小鹿的形状在画面中拖动画出一只小鹿，接着新建"图层3"，同以上方法画出另一只鹿，并按Ctrl+T快捷键出现变换调节框，右击，在弹出的快捷菜单中选择"水平翻转"命令，调整至如图5.147所示效果。

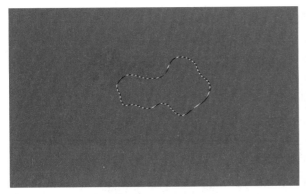

图 5.145   图 5.146

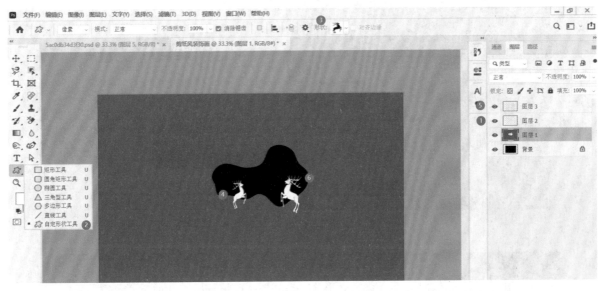

图 5.147

Step 5 ▶ 新建"图层4",用画笔工具,选择硬边缘,调整其大小,在画面中单击出星星点点的效果,如图5.148所示。

Step 6 ▶ 新建 "图层5", 同样用弯度钢笔工具勾画出如图 5.149 所示路径。

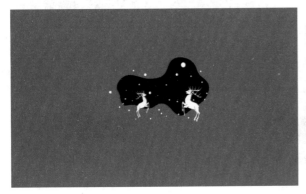

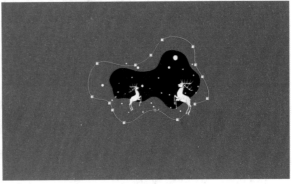

图 5.148   图 5.149

Step 7 ▶ 按 Ctrl+Enter 快捷键，将路径转换为选区，然后执行 "选择/反选" 命令，效果如图 5.150 所示。

Step 8 ▶ 单击 "前景色" 弹出 "拾色器" 对话框，用吸管工具在画面中吸取紫色，然后选中比背景色稍亮的颜色，单击 "确定" 按钮，如图 5.151 所示。然后按 Alt+Delete 快捷键填充选区，如图 5.152 所示，效果如图 5.153 所示。

Step 9 ▶ 重复以上方法，再做几层，如图 5.154～图 5.156 所示。

图 5.150

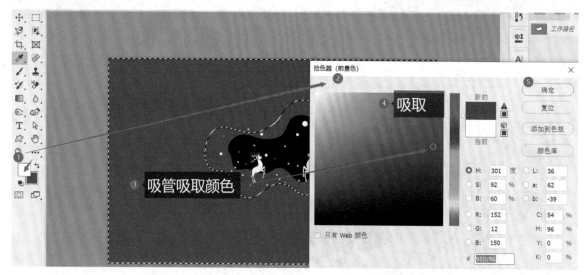

图 5.151

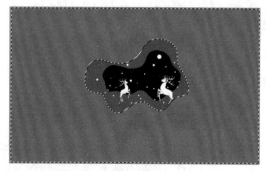

图 5.152

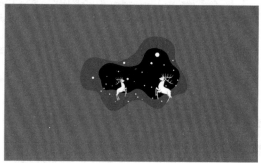

图 5.153

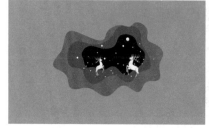

图 5.154

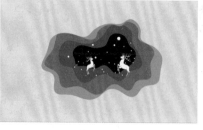

图 5.155

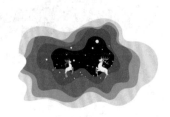

图 5.156

Step 10 ▶ 单击"图层"面板底部的"添加图层样式"按钮 *fx*，弹出下拉列表，如图 5.157 所示，选择"投影"，弹出"图层样式"对话框，如图 5.158 所示。

Step 11 ▶ 单击"确定"按钮后效果如图 5.159 所示。

Step 12 ▶ 光标置于"图层"面板"图层 8"位置处右击，在弹出的快捷菜单中选择"拷贝图层样式"命令，之后按住 Shift 键，逐个单击"图层 1"到"图层 7"，选中除背景和"图层 8"以外的其他图层。然后右击，在弹出的快捷菜单中选择"粘贴图层样式"命令，效果如图 5.160 所示。

图 5.157

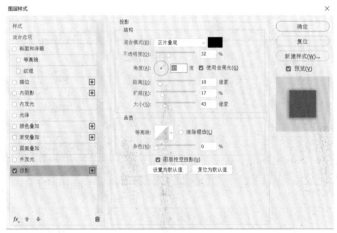

图 5.158

图 5.159

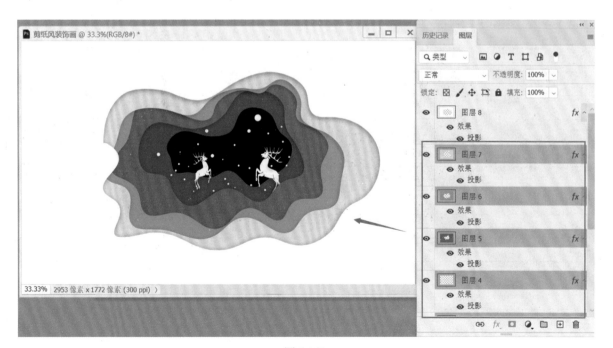

图 5.160

Step 13 ▶ 此时画面效果如图5.161所示。然后可以在画面中再添加一些元素，让外面更丰富一些，如图5.162所示。

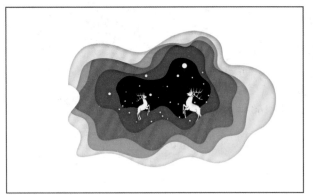

图 5.161

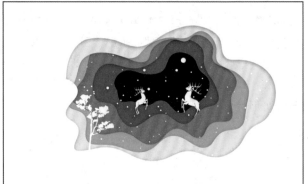

图 5.162

读书笔记 ▶

06

01 02 03 04 05 07

图像合成

6.1 初识图层

Photoshop 以图层为基础操作单位，图层是 Photoshop 进行一切操作的载体。图层，顾名思义，就是图与层，即以分层的形式显示图像。图层就像多张透明玻璃纸，每层都可以进行独立的编辑，而不会影响其他层中的内容，层与层之间可以随意地调整堆叠方式，将所有层叠放在一起则显现出图像的最终效果。

6.1.1 认识"图层"面板

执行"窗口/图层"命令，打开"图层"面板，如图 6.1 所示。"图层"面板常用于新建图层、删除图层、选择图层、复制图层、调整图层顺序等，还可以调整图层混合模式和图层样式。下面对"图层"面板中部分选项的功能进行介绍。

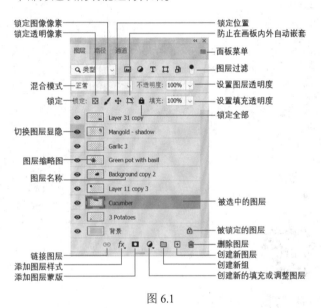

图 6.1

- **图层过滤**：可以用来对图层进行过滤，即图层过多时可以用此项功能进行精准图层的筛选。可以在左侧的类型下拉列表中选择筛选方式，也可以根据不同的要素筛选图层。默认设置为"类型"，在其列表右侧可以选择特殊的筛选方式。
- **混合模式**：主要用来设置图层之间的特殊效果，不同混合模式下的图层进行组合会产生不同的效果。默认模式为"正常"，单击"正常"右侧的箭头，子菜单中提供了多种图层混合模式。
- **锁定**：单击"锁定透明像素"按钮 意味着图像编辑只针对不透明像素的部分进行，透明像素部

分将不会被修改；单击"锁定图像像素"按钮 意味着该图层不透明像素部分已锁定而无法进行编辑，透明像素部分则可以进行编辑；单击"锁定位置"按钮 表示图像位置无法移动，但可被编辑；单击"防止在画板内外自动嵌套"按钮 ，当图层或组移出画板边缘时，在组层视图中图层或组会移出画板。为了防止这种情况发生，可以在图层视图中开启锁定；单击"锁定全部"按钮 ，即将透明像素部分、图像像素部分和位置全部锁定，处于此状态下的图层无法进行编辑。

- **设置图层透明度** 不透明度：100% ：可以设置当前图层的填充不透明度。
- **设置填充透明度** 填充：100% ：用来设置图层的填充透明度，修改后不会影响整个图层的样式。
- **处于显示/隐藏状态的图层**：当该图标显示为 状态时，表示是可见的图层，此时可以对图层进行编辑；若该图标显示为 状态时，则表示是隐藏的图层，此时不能对图层进行编辑。
- **链接图层** ：当希望同时对几个图层进行相同的处理时，可以按 Ctrl 键选中需要被编辑的多个图层，再单击"链接图层"按钮即可；若要取消链接，选中被链接的图层再次单击"链接图层"按钮，即可取消链接。
- **添加图层样式** *fx*：在弹出的菜单中选择相应命令，即可添加图层的样式，该效果只会作用于当前图层。
- **添加图层蒙版** ：蒙版功能是 Photoshop 的核心功能之一，单击该按钮可以添加蒙版，蒙版的使用将在之后的内容中详述。
- **创建新的填充或调整图层** ：在弹出的菜单中选择相应命令，即可创建新的填充或调整图层，该效果会应用到当前图层以下的所有图层。

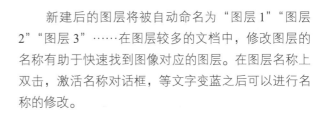

◆ 创建新组 □：当图层过多时我们往往会将图层分组以方便图层的管理，这时可以单击"创建新组"按钮，也可按 Ctrl+G 快捷键创建新组。

◆ 创建新图层 ⊞：可用来增加新的空白图层，也可按 Shift+Ctrl+N 组合键创建新图层。

◆ 删除图层 🗑：在删除图层时使用，可在选中图层的状态下直接按 Delete 键进行删除。

6.1.2 新建图层

新建图层是图层操作中最基本的命令，可以通过在"图层"面板中单击 ⊞ 按钮实现；也可以使用快捷键（Shift+Ctrl+N 组合键）实现，在弹出的对话框中单击"确定"按钮，如图 6.2 所示。若希望在当前图层的下一层新建图层，则需要在按 Ctrl 键的同时单击"创建新图层"按钮。

新建后的图层将被自动命名为"图层 1""图层 2""图层 3"……在图层较多的文档中，修改图层的名称有助于快速找到图像对应的图层。在图层名称上双击，激活名称对话框，等文字变蓝之后可以进行名称的修改。

6.1.3 栅格化图层

除新建图层外，我们可以直接将需要的素材拖入 Photoshop 中添加图层，但这些图层是不能直接被编辑的，如图 6.3 所示。需要将素材"栅格化"，可以选择"图层 / 栅格化"菜单下的子命令，如图 6.4 所示；也可以在"图层"面板中选中该图层，在空白处右击，在弹出的快捷菜单中选择"栅格化图层"命令，如图 6.5 所示。

图 6.2

图 6.3

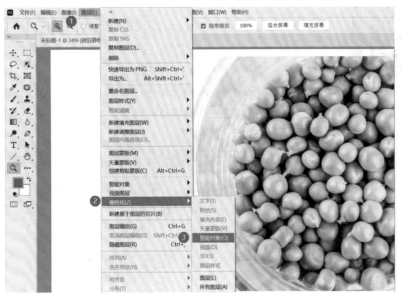

图 6.4

图 6.5

6.1.4 背景图层转换成普通图层

在通常情况下,"背景"图层是被锁定而无法编辑的,但我们可以根据编辑需要,将其转换成普通图层。在"背景"图层的空白处双击,弹出"新建图层"对话框,其默认名称为"图层0",如图6.6所示,单击"确定"按钮即可完成操作。也可以直接单击"背景"图层右侧的 🔒 ,如图6.7所示。

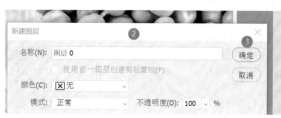

图 6.6

图 6.7

6.1.5 复制图层

若需要得到相同的图层,我们一般采用复制图层的操作,复制图层有以下方法。

方法1:在"图层"面板中,找到需要被复制的图层,在其空白处右击,在弹出的快捷菜单中选择"复制图层"命令即可,如图6.8所示。

图 6.8

方法2:在"图层"面板中,找到需要被复制的图层,单击图层并拖动鼠标移动至"创建新图层"按钮上,释放鼠标即可,如图6.9所示。

图 6.9

方法3:在"图层"面板中,单击需要被复制的图层,再按 Ctrl+J 快捷键进行复制。

方法4:将光标放到图像上,当光标变成箭头状态时,按住 Alt 键进行拖动,即可得到复制的图像。

6.1.6 实践:移动图像的位置

使用移动工具 ✛ 可以移动选区或图层(快捷键 V),如图6.10所示。使用选项栏自定义工具设置(如"对齐"和"分布"),可以获得所需效果。

图 6.10

操作步骤:

Step 1 ▶ 单击需要移动的飞鸟图层,拖动到相应位置,效果如图 6.11 所示。

图 6.11

Step 2 ▶ 若有多个图像需要进行对齐处理,在移动某个图层时会出现辅助对齐线引导对齐,效果如图 6.12 所示。

读书笔记 ▶

图 6.12

6.1.7 调整图层排序

图层在概念上是按照一定顺序排列形成的最终图像,不同的图层顺序最终显示的效果将会不同,若要修改图层的顺序,有两种主要的方式,其一是选择"图层/排列"命令,可将图层置顶、上移一层或下移一层,如图 6.13 所示;其二是在"图层"面板中拖动图层的顺序,如图 6.14 所示,调整顺序后的效果如图 6.15 所示。

图 6.13

图 6.14

图 6.15

6.1.8 删除图层

对于不需要的图层，可以删除图层。删除图层有如下方法。

方法 1：在"图层"面板中，找到需要被删除的图层，在其空白处右击，在弹出的快捷菜单中选择"删除图层"命令即可。

方法 2：在"图层"面板中，找到需要被删除的图层，单击图层并拖动鼠标移动至"删除图层"按钮上，释放鼠标即可。

方法 3：在"图层"面板中选中需要被删除的图层，再单击"删除图层"按钮即可。

方法 4：在"图层"面板中选中需要被删除的图层，按 Delete 键也可删除图层。

6.1.9 隐藏与显示图层

若图层较多而不方便删除时，可以将暂时不需要编辑的图层进行隐藏。在"图层"面板中，每个图层的前面都有一个"眼睛"图标 ，表示该图层可见，单击"眼睛"该图标会切换成"空白" ，表示该图层被隐藏，如此即可进行图层隐藏与显示的切换。另外，按住 Alt 键在"背景"图层处单击，则可进行除背景层外其他所有图层的隐藏与显示操作，如图 6.16 所示。

图 6.16

6.1.10 合并图层

在处理图片时我们往往使用多个图层，为了减小文件大小的同时方便管理图层，可以对确定不会再修改的图层进行合并。值得注意的是，合并后的图层中，所有透明区域的交迭部分都会保持透明。

合并图层分为向下合并图层、合并可见图层、拼合图像和盖印图层 4 种类型，下面分别进行介绍。

◆ 向下合并图层：当前图层与其下方图层需要合并时，可以选择当前图层执行"图层/向下合并"命令（Ctrl+E 快捷键），每执行一次则向下合并一层。

◆ 合并可见图层：顾名思义，是将当前所有的可见图层合并，执行"图层/合并可见图层"命令，所有图层都会合并到"背景"图层中。

◆ 拼合图像：将"图层"面板中的所有可见图层进行合并，执行"图层/拼合图像"命令，所有图层都会合并到"背景"图层中。若"图层"面板中有隐藏图层，则使用此命令时会弹出一个提示对话框，提示用户是否扔掉隐藏图层。

◆ 盖印图层：可以将多个图层的内容合并到一个新的图层中，同时保持原图层不变。选中多个图层，然后按 Ctrl+Alt+E 组合键，可以将这些图层中的图像盖印到一个新的图层中。按 Shift+Ctrl+Alt+E 组合键可以将所有图层中的图像盖印到一个新的图层中。

6.1.11 导出图层内容

1. 快速导出为PNG

要将一个或多个图层快速导出为 PNG 格式，可以选择需要导出的图层，执行"文件/导出/快速导出为 PNG"命令，如图 6.17 所示。在弹出的对话框中设置一个输出的路径并单击"确定"按钮即可。

2. 导出为

要将所选图层导出为特定格式、特定尺寸的图像文件，执行"文件/导出/导出为"命令，弹出"导出为"对话框，如图 6.18 所示。在弹出的对话框中，可以设置文件格式、图像大小和画布大小等信息。

图 6.17

图 6.18

6.1.12 链接图层

在编辑图层时，若要同时对几个图层进行统一操作，可以将这几个图层链接在一起。选择需要进行链接的图层，执行"图层/链接图层"命令；也可以在"图层"面板中，选中需要被链接的图层，单击"链接图层"按钮 ∞，被链接的图层会出现 ∞。若要取消某一图层的链接，可以选中该图层，再单击"链接图层"按钮，该图层将取消链接；若要取消全部链接，则需选中全部被链接的图层，再单击"链接图层"按钮 ∞。

6.1.13 项目：为房檐添加唯美背景图

为一张单调的房檐图片添加唯美的山水背景，让画面变得更生动而有意境。

操作步骤：

Step 1 ▶ 打开房檐图片和山水风景图片，如图 6.19 和图 6.20 所示。

Step 2 ▶ 利用移动工具 ✛ 将山水风景图片拖动至"房檐"文件中，置于房檐图片的下方，并移动至合适位置，效果如图 6.21 所示。

Step 3 ▶ 单击"创建新图层"按钮，如图 6.22 所示，新建"图层 1"，并置于图层最底层。在默认前景色为黑色、背景色为白色的情况下，按 Alt+Delete 快捷键将图层填充为白色，如图 6.23 所示。选中山水图层，调整"不透明度"为 52%，如图 6.24 所示，最终得到如图 6.25 所示效果。

图 6.19

图 6.20

图 6.21

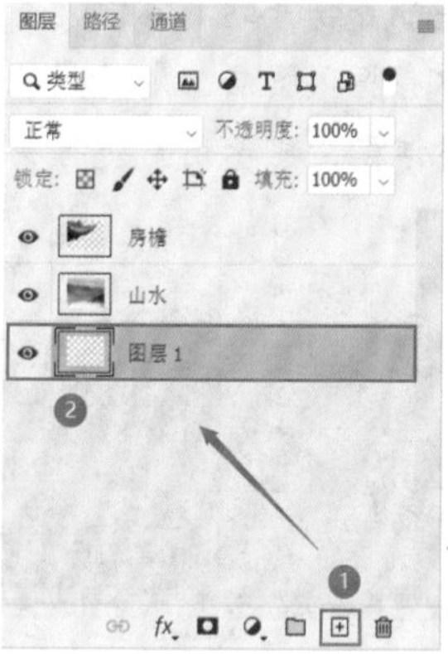

图 6.22

图 6.23 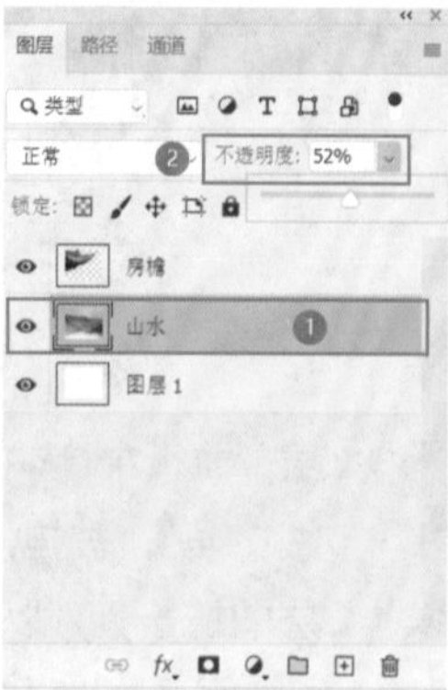 图 6.24

图 6.25

6.1.14 项目：动漫电影海报制作

我国有许多原创的动漫电影，可用电影角色组合完成宣传海报。在制作过程中，主要运用抠图、调整图像大小、处理图层顺序等操作完成。

读书笔记

操作步骤：

Step 1 ▶ 执行"文件/新建"命令，弹出"新建文档"对话框，设置"宽度"为"40厘米"，"高度"为"55厘米"，"分辨率"为"200像素/英寸"，单击"创建"按钮，创建新文件，如图6.26所示。

Step 2 ▶ 置入背景图片，调整其大小和位置，"图层"面板中出现一个叫"背景"的图层，如图6.27所示。

Step 3 ▶ 打开主体人物图片，用快速选择工具在人物图像区域涂抹，选中人像部分，如图6.28所示。

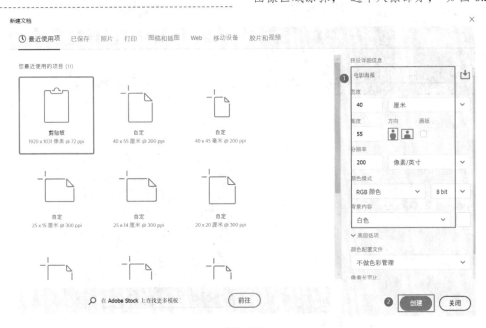

图 6.26

图 6.27

图 6.28

Step 4 ▶ 选择移动工具，将光标移至选区内，按住鼠标左键将人像拖动至"电影海报"文件内，"图层"面板中出现"图层1"，如图6.29所示。接着调整图像的大小和位置，效果如图6.30所示。

图 6.29　　　　　　　　图 6.30

Step 5 ▶ 打开"弟弟"素材图片，选中人物部分，用移动工具将其移至"电影海报"文件内，生成"图层2"，调整其大小、位置，如图6.31所示。然后将"图层2"拖至"图层1"的下方，效果如图6.32所示。

图 6.31　　　　　　　　图 6.32

Step 6 ▶ 用同样的方法将其他3个人物抠图、置入，调整其大小、位置及图层顺序至图6.33所示效果。

Step 7 ▶ 将小狗和老鹰抠图、置入，再调整其大小、位置及图层顺序至图6.34所示的效果。

Step 8 ▶ 再添加一些海报信息、标题文字，对画面再进一步调整，最终效果如图6.35所示。

图 6.33

图 6.34

图 6.35

6.2 图层混合模式

图层混合模式是指将当前图层与其下图层中的图像颜色混合，通过不同的混合模式形成不同的效果，在通常情况下，新建的图层混合模式为"正常"。在 Photoshop 中混合模式的应用非常广泛，大多数绘画工具或编辑调整工具都可以使用混合模式制造效果，并且不会破坏原始图像的像素信息。

在"图层"面板中找到混合模式的菜单栏，如图 6.36 所示。单击三角形下拉按钮，在弹出的下拉列表中会显示 6 组共 27 种混合的模式。这 6 组为混合模式的 6 种类型，分别是组合模式组、加深模式组、减淡模式组、对比模式组、比较模式组、色彩模式组，如图 6.37 所示。

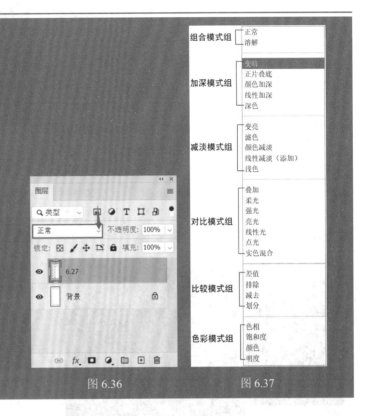

图 6.36　　　　　　　图 6.37

6.2.1 组合模式组

正常和溶解模式需要降低图层的"不透明度"或"填充"数值来使用。数值越低，下面图层显示得越清晰。图 6.38 所示是不透明度为 71% 的正常模式，图 6.39 所示是透明度为 70% 的溶解模式。

图 6.39

读书笔记

图 6.38

6.2.2 加深模式组

加深模式组与减淡模式组是一对相对应的混合模式，搞清楚其中一组，另一组的原理和用法与之类似。加深模式是基于色彩的加色原理（即 CMYK），将颜色重叠在一起相加而形成的效果。其原理为把当前图层中比基色层暗的颜色保留，而比基色层亮的颜色全部被基色层的颜色取代。通俗地讲，使用加色组中的模式进行图层的混合会使画面整体效果变深，因为当前图层的亮部被过滤掉了。其中正片叠底模式使用较多。图 6.40 为变暗模式效果，图 6.41 为正片叠底模式效果，图 6.42 为颜色加深模式效果，图 6.43 为线性加深模式效果，图 6.44 为深色模式效果。

图 6.42

图 6.40

图 6.43

图 6.41

图 6.44

6.2.3 减淡模式组

减淡模式组是基于色彩的减色原理（即 RGB），将颜色重叠在一起相减（即得到色相环中两颜色的中间色）而形成的效果。其原理为把当前图层中比基色层亮的颜色保留，而比基色层暗的颜色全部被基色层的颜色取代。通俗地讲，使用减淡模式组中的模式进行图层的混合会使画面整体效果变亮，因为当前图层的暗部被过滤掉了。图 6.45～图 6.49 所示分别为变亮、滤色、颜色减淡、线性减淡（添加）和浅色模式效果。

图 6.48

图 6.45

图 6.49

图 6.46

6.2.4 对比模式组

对比模式组与光有关，可以加强图像间的差异。在混合时，以基色层 50% 的灰色为基准，当前图层中高于这一数值的像素将提亮基色层的图像，反之将使基色层变暗。图 6.50～图 6.56 所示分别为叠加、柔光、强光、亮光、线性光、点光和实色混合模式的效果。

图 6.47

图 6.50

图 6.51

图 6.52

图 6.53

图 6.54

图 6.55

图 6.56

6.2.5 比较模式组

比较模式组可实现负片的效果。原理是将当前图层与基色层相比，相同的区域显示为黑色，不同的区域显示为灰色或彩色。若当前图层中包含白色像素，

则白色区域会使基色层反相，而黑色不会对基色层产生影响。其中差值与排除模式使用较多，差值比排除的效果更强烈些。图 6.57～图 6.60 所示分别为差值、排除、减去和划分模式的效果。

图 6.57

图 6.58

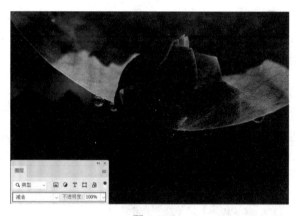

图 6.59

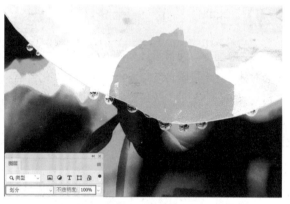

图 6.60

6.2.6 色彩模式组

色彩模式组的效果与色彩模式挂钩，可以简称为 HSB 模式，即颜色的色相、饱和度和明度。选择这 3 种模式中的一种，即当前图层的这一颜色属性将应用

于基色层，而其他两种属性不发生改变。色彩模式即用当前图层的色相值与饱和度替换基色层的色相值和饱和度，而亮度保持不变。图 6.61 ～图 6.64 所示分别为色相、饱和度、颜色、明度模式的效果。

图 6.61

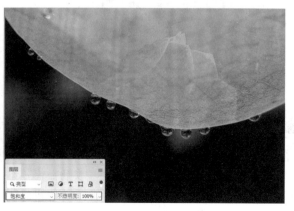

图 6.62

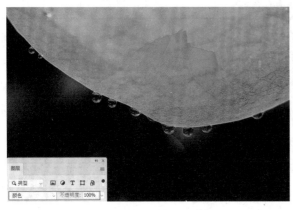

图 6.63

图 6.64

贝"组。再将"实物照片"组隐藏，如图 6.67 所示。

6.2.7 项目："我的中国梦"海报制作

"我的中国梦"海报设计如图 6.65 所示，以彩虹色阶为载体，结合中国传统与现代建筑表达文化自信。主要运用天安门、长城、天坛等元素，通过图像绘制、抠图、图层排列、图层混合模式等操作来完成海报的设计与制作。

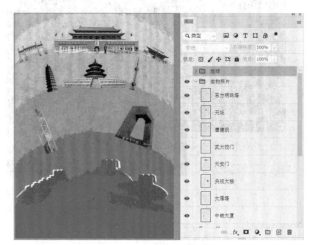

图 6.66

图 6.65

此处省略背景的绘制和实物抠图的步骤。

操作步骤：

Step 1 ▶ 打开如图 6.66 所示 PSD 文档。

Step 2 ▶ 为了保护实物原图，我们将"实物照片"组进行复制。光标移至实物图层组右击，在弹出的快捷菜单中选择"复制组"命令，得到"实物照片拷

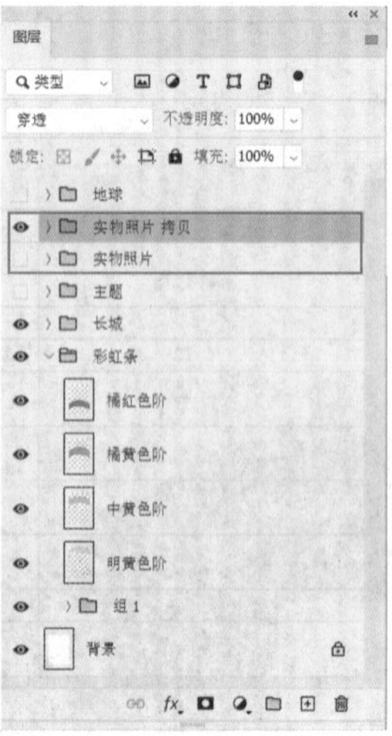

图 6.67

Step 3 ▶ 选中"天坛"图层，将混合模式调整至"颜色加深"，效果如图 6.68 所示。

Step 4 ▶ 将"东方明珠塔""天安门"等实物图层的混合模式全部调成"颜色加深"，效果如图 6.69 所示。

Step 5 ▶ 观察发现画面不是很理想，将"央视大楼"的混合模式调整成"叠加"，再将"大雁塔"的混合模式调整成"亮光"后，画面更有细节，如图 6.70 所示。

Step 6 ▶ 将"天坛""中银大厦""央视大楼""东方明珠塔"的混合模式依次进行调整，效果如图 6.71 所示。

Step 7 ▶ 按住 Ctrl 键的同时单击"橘红色阶"图层缩略图，创建选区，如图 6.72 所示。然后依次单击"中银大厦"和"央视大楼"，按 Delete 键删除选区部分内容，按 Ctrl+D 快捷键取消选择，效果如图 6.73 所示。

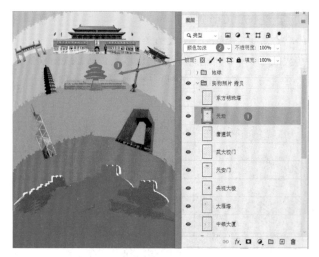

图 6.68

图 6.69

图 6.70

图 6.71

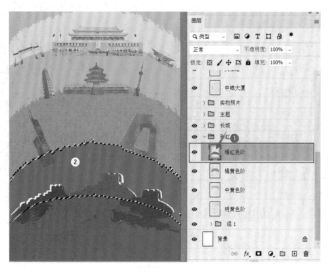

图 6.72

图 6.73

数字平面制作——Photoshop 从入门到实践

Step 8 ▶ 按住 Ctrl 键的同时单击 "橘黄色阶" 图层缩略图，创建选区，如图 6.74 所示。 然后依次单击 "大雁塔" "天坛" "东方明珠塔"，按 Delete 键删除选区部分内容， 按 Ctrl+D 快捷键取消选择， 效果如图 6.75 所示。

Step 9 ▶ 按住 Ctrl 键的同时单击 "中黄色阶" 图层缩略图，创建选区，如图 6.76 所示。然后依次单击 "武大校门" "天安门" "唐建筑"，按 Delete 键删除选区部分内容，按 Ctrl+D 快捷键取消选择，效果如图 6.77 所示。

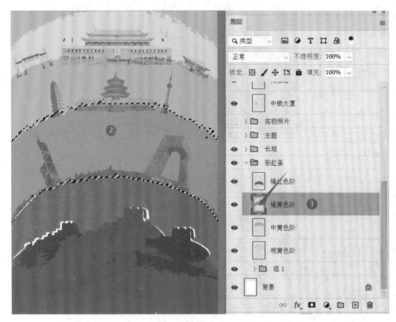

图 6.74

图 6.75

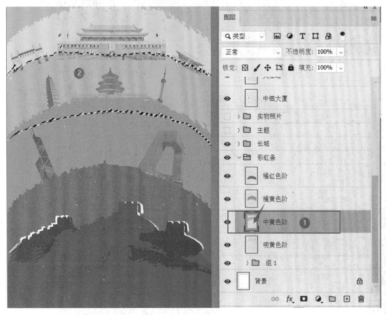

图 6.76

图 6.77

Step 10 ▶ 将 "和平鸽" "地球" "主题" 添加上， 最终效果如图 6.65 所示。

6.3 图层样式

在 Photoshop 中，要制作金属、纹理、水晶等效果，都可以通过为图层设置图层样式来实现。

6.3.1 添加/修改图层样式

为图层添加样式，有 3 种方式。

（1）选中当前图层，然后执行"图层/图层样式"菜单下的子命令，如图 6.78 所示，弹出"图层样式"对话框，如图 6.79 所示，调整好需要样式的参数，单击"确定"按钮即可。

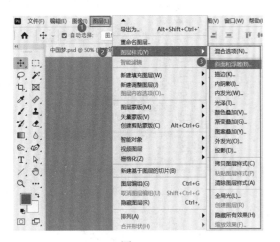

图 6.78

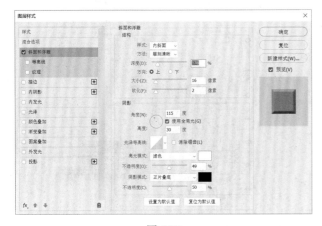

图 6.79

（2）在"图层"面板中单击 *fx.* 按钮，同样弹出设置参数的对话框，如图 6.80 所示。

（3）在"图层"面板中选中需要添加样式的图层，直接在其空白处双击，如图 6.81 所示，即可弹出"图层样式"对话框。

图 6.80　　　　　　　图 6.81

若要修改图层样式，也可以使用以上 3 种方式，在弹出的对话框中进行参数修改即可。

6.3.2 清除图层样式

若要清除图层的某一样式，也有 3 种方式。

（1）在"图层"面板中单击已添加的样式并将其拖动到下方的"删除图层"按钮上，如图 6.82 所示。

图 6.82

（2）若要清除某个图层的所有样式，可以选中该图层，然后执行"图层/图层样式/清除图层样式"命令，如图6.83所示。

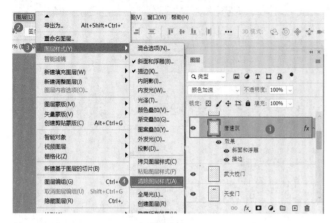

图6.83

（3）选中该图层，在空白处右击，在弹出的快捷菜单中选择"清除图层样式"命令即可。

6.3.3 隐藏/显示图层样式

如果对添加的图层样式不满意但又不希望删除样式，可以选择隐藏图层样式。找到需要隐藏的图层样式，如图6.84所示，单击该样式前面的"眼睛"按钮，变成空白（即隐藏该样式），如图6.85所示。

图6.84 　　　　　　图6.85

6.3.4 复制/粘贴图层样式

当有多个图层需要用到相同的图层样式时，可以选择复制图层样式快捷操作，而不需要逐一制作。

操作步骤：

Step 1 在"图层"面板中选中需要复制的图层样式，在空白处右击，在弹出的快捷菜单中选择"拷贝图层样式"命令，如图6.86所示，然后选择目标图层，右击，在弹出的快捷菜单中选择"粘贴图层样式"命令，如图6.87所示。

图6.86

图6.87

Step 2 执行"图层/图层样式/粘贴图层样式"命令也可粘贴图层样式，如图6.88所示。粘贴图层样式之后的图层如图6.89所示。

图 6.88

图 6.90

图 6.89

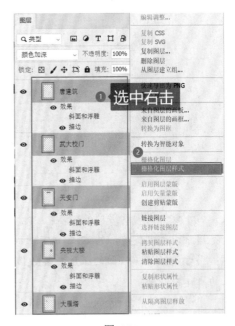

图 6.91

6.3.5 栅格化图层样式

图层样式的栅格化与图层的栅格化用法相似，被栅格化的图层样式不再具有调整参数的功能，而是可以像普通图层一样进行编辑处理。若需要栅格化图层样式，可以先选中需要栅格化的图层，然后执行"图层 / 栅格化 / 图层样式"命令，如图 6.90 所示。也可以在"图层"面板上找到需要栅格化的图层样式，右击空白处，在弹出的快捷菜单中选择"栅格化图层样式"命令即可，如图 6.91 所示。

6.3.6 斜面和浮雕

使用"斜面和浮雕"命令可以为图层添加高光和阴影的效果，让图像看起来更加立体生动。图 6.92 和图 6.93 所示为图像设置斜面和浮雕效果前后的对比图，图 6.94 为斜面和浮雕的设置面板。下面介绍面板中各选项的作用。

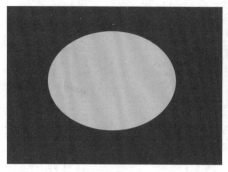
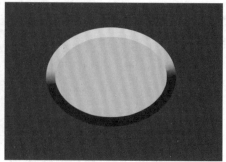

图 6.92　　　　　　　　　　图 6.93

图 6.94

- **样式**：用于设置斜面和浮雕的样式。
- **方法**：用于设置创建浮雕的方法。
- **深度**：用于设置浮雕斜面的深度，其数值越大，图像的立体感越强。
- **方向**：用于设置光照的方向，以确定高光和阴影的位置。
- **大小**：用于设置斜面和浮雕中阴影面积的大小。
- **软化**：用于设置斜面和浮雕的柔和程度，数值越小，图像越硬。
- **角度**：用于设置光源的照射角度。
- **高度**：用于设置光源的高度。在设置高度和角度时，用户可直接在文本框中输入数值，也可拖动圆形中的空白点，直观地对角度和高度进行设置。
- **使用全局光**：选中该复选框，可以让所有浮雕样

式的光照角度保持一致。
- **光泽等高线**：单击旁边的倒三角按钮，在弹出的列表中可为斜面和浮雕效果添加光泽，创建金属质感的物体时，经常会使用该下拉列表中的选项。
- **消除锯齿**：选中该复选框，可消除设置光泽等高线时出现的锯齿效果。
- **高光模式**：用于设置高光部分的混合模式、颜色以及不透明度。
- **阴影模式**：用于设置阴影部分的混合模式、颜色以及不透明度。
- **设置等高线**：单击"斜面和浮雕"样式下面的"等高线"选项，切换到"等高线"设置面板。使用等高线可以在浮雕中创建凹凸起伏的效果，如图 6.95 所示。

图 6.95

◆ 设置纹理：单击"等高线"下面的"纹理"选项，切换到"纹理"设置面板。使用纹理的效果如图 6.96 和图 6-97 所示。

图 6.96

图 6.97

6.3.7 实践：描边文字

可以使用颜色、渐变、图案等对图层边缘进行描边，其效果与"描边"命令相似。

操作步骤：

Step 1 ▶ 新建文件，在画面中输入文字，如图 6.98 所示。

图 6.98

Step 2 ▶ 单击"添加图层样式"按钮，在弹出的下拉列表中选择"描边"，如图 6.99 所示，弹出对话框后，进行如图 6.100 所示的设置。"颜色"选项，填充的是渐变效果。

图 6.99

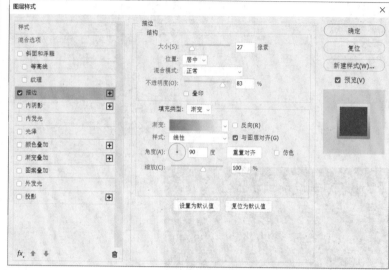

图 6.100

Step 3 ▶ 确定后效果如图 6.101 所示。

6.3.8 内阴影

在"内阴影"参数面板中，可以对内阴影的结构及品质进行设置，如图 6.102 所示。图 6.103 和图 6.104 所示为原始图像和添加了"内阴影"样式后的效果。下面对"内阴影"面板中各参数选项的作用进行介绍。

图 6.101

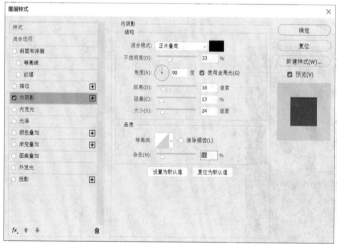

图 6.102

图 6.103　　图 6.104

◆ 混合模式：用来设置投影与下面图层的混合方式，默认设置为"正片叠底"模式。

◆ 阴影颜色：单击"混合模式"选项右侧的颜色块，可以设置阴影的颜色。

◆ 不透明度：设置投影的不透明度。数值越低，投影越淡。

◆ 角度：用来设置投影应用于图层时的光照角度，指针方向为光源方向，相反方向为投影方向。

◆ 使用全局光：当选中该复选框时，可以操作使所有图层的光照角度一致。取消选中该复选框时，可以为不同的图层分别设置光照角度。

◆ 距离：用来设置投影偏移图层内容的距离。

◆ 大小：用来设置投影的扩展范围，注意该值会受到"大小"选项的影响。

◆ 等高线：以调整曲线的形状来控制投影的形状，可以拖动调整曲线形状，也可以选择内置的等高线预设。

◆ 消除锯齿：混合等高线边缘的像素，使投影更加光滑。该选项对于尺寸较小且具有复杂等高线的投影比较实用。

◆ 杂色：用来在投影中添加杂色的颗粒效果，数值越大，颗粒感越强。

6.3.9 内发光

在"内发光"参数面板中，可以对"内发光"的结构、图像品质进行设置。"内发光"效果可以沿图层内容的边缘向内创建发光效果，也会使对象出现些许的"突起感"。图 6.105 ～图 6.107 分别为原图、效果图及参数设置面板。下面对"内发光"面板中各参数选项的作用进行介绍。

◆ 混合模式：设置发光效果与下面图层的混合方式。

◆ 不透明度：设置发光效果的不透明度。

◆ 杂色：在发光效果中添加随机的杂色效果，使光晕产生颗粒感。

◆ 发光颜色：单击"杂色"选项下面的颜色块，可以设置发光颜色。单击颜色块后面的渐变条，可以选择或编辑渐变色。

◆ 方法：用来设置发光的方式。选择"柔和"选项，发光效果比较柔和。选择"精确"选项，可以得到精确的发光边缘。

◆ 源：控制光源的位置。

◆ 阻塞：用来在模糊之前收缩发光的杂边边界。

◆ 大小：设置光晕范围的大小。

◆ 等高线：使用等高线可以控制发光的形状。

◆ 范围：控制发光中作为等高线目标的部分或范围。

◆ 抖动：改变渐变的颜色和不透明度的应用。

图 6.105

图 6.106

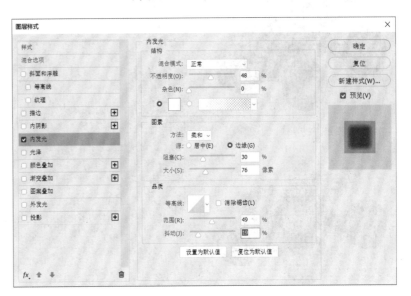

图 6.107

6.3.10 光泽

"光泽"样式可以为图像添加具有光泽的内部阴影，通常用来制作具有光泽质感的按钮和金属。图 6.108～图 6.110 分别为原图、效果图及参数设置面板。

图 6.108

图 6.109

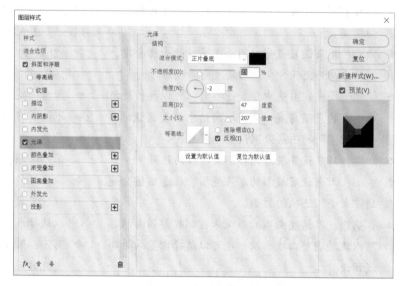

图 6.110

6.3.11 颜色叠加

"颜色叠加"样式可以在图像上叠加设置的颜色，并且可以通过模式的修改调整图像与颜色的混合效果。图 6.111～图 6.113 分别为原图、效果图及参数设置面板。

图 6.111

图 6.112

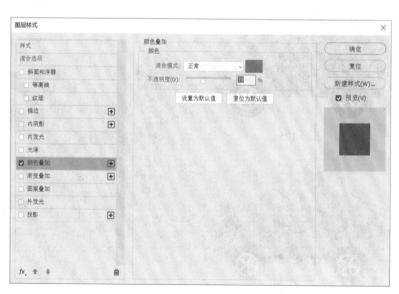

图 6.113

6.3.12 渐变叠加

"渐变叠加"样式可以在图层上叠加指定的颜色,"渐变叠加"不仅能够制作出带有多种颜色的对象,更能够制作突起、凹陷等三维效果以及带有反光的质感效果。图 6.114～图 6.116 分别为原图、效果图及参数设置面板。

图 6.114

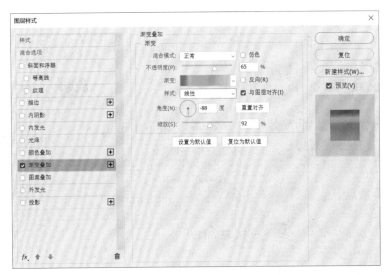

图 6.116

图 6.115

6.3.13 图案叠加

"图案叠加"与"颜色叠加"及"渐变叠加"相同,也可以通过混合模式的设置将叠加的图案与原图像进行混合。参数设置面板及效果如图 6.117 和图 6.118 所示。

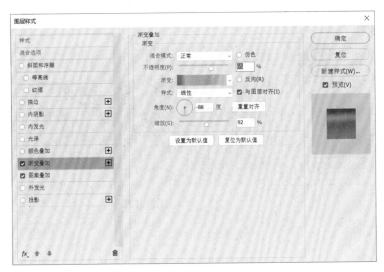

图 6.117

图 6.118

6.3.14 外发光

"外发光"样式可以沿图层内容的边缘向外创建发光效果，可用于制作自发光效果、人像或其他主体的梦幻般的光晕效果等。参数设置面板及效果如图 6.119 和图 6.120 所示。

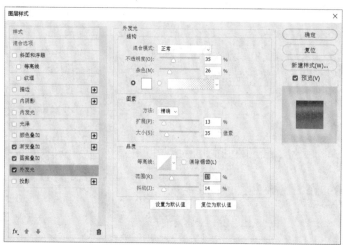

图 6.119　　　　　　　　　　　　　　　　　图 6.120

6.3.15 投影

"投影"样式可以为图层模拟出投影效果，可增强某部分的层次感以及立体感，在平面设计中常用于需要突显的文字中。参数设置面板及效果如图 6.121 和图 6.122 所示。

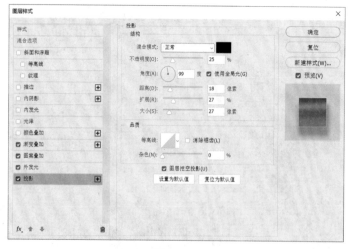

图 6.121　　　　　　　　　　　　　　　　　图 6.122

读书笔记

6.3.16 项目：乡村文化石效果图制作

在乡村，几乎每一个村口都会有一座门楼或者一块文化石，文化石很常见。有时候在雕刻文化石之前，想先看看效果图。本项目是为龙窖山村设计文化石效果图，使用图层样式和混合模式就能完成这样的效果图。

📽 **操作步骤：**

Step 1 ▶ 打开文化石背景石材的图片，如图 6.123 所示。

图 6.123

Step 2 ▶ 将文字的素材拖动进来，这里要注意一个细节，素材库字体大小一致，要根据主体龙窖山来判断 3 个文字之间的距离和大小，要把 3 个字当成整体来设计，窖字笔画多，我们将窖字稍微放大，调整结构，注重高低错落和笔墨趣味，石头造型左边

的幅度跨越较大，右边相对饱满，所以文字应稍微偏向右摆放，上下位置则在视觉中心线偏下一点即可，调整文字的大小和位置，效果如图 6.124 所示。

图 6.124

Step 3 ▶ 单击"添加图层样式"按钮，在弹出的下拉列表中选择"斜面和浮雕"图层样式，如图 6.125 所示。在弹出的"斜面和浮雕"样式面板中进行设置，如图 6.126 所示。确定之后效果如图 6.127 所示。

图 6.125

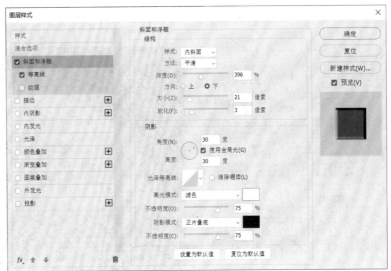

图 6.126

图 6.127

Step 4 ▶ 文字的立体效果出来了，还需要给文字添加一点石头肌理效果。将文字图层的混合模式调整为"正片叠底"，效果如图 6.128 所示。

Step 5 ▶ 现在发现文字的肌理效果出来了，但是颜色却不够红了。先将 1 图层复制出现新图层"1 拷贝"，将此图层的混合模式调为"正常"，填充的透明度调为 42%，如图 6.129 所示。

Step 6 ▶ 最终效果如图 6.130 所示。

图 6.128

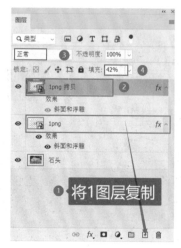

将1图层复制

图 6.129

图 6.130

6.4 蒙版合成

6.4.1 认识蒙版

Photoshop 中的蒙版是用于图像编辑与合成的必备利器，蒙版不仅能够遮盖部分图像，使其避免受到操作的影响，还可以通过隐藏（而非删除）的方式进行非破坏性的编辑。

使用蒙版编辑图像，不仅可以避免因使用橡皮擦或剪切、删除等造成的失误操作，还可以对蒙版应用一些精彩的特效。在合成作品中经常会使用到不同种类的蒙版。在 Photoshop 中包含 4 种蒙版，即快速蒙版、剪贴蒙版、矢量蒙版和图层蒙版。快速蒙版用于创建和编辑选区，主要用于抠图，在 4.5 节中已讲解。剪贴蒙版的功能是通过一个对象的形状控制其他图层的显示区域。矢量蒙版则通过路径和矢量形状控制图像的显示区域。图层蒙版通过蒙版中的灰度信息控制图像的显示区域。

6.4.2 剪贴蒙版

剪贴蒙版是用处于下方图层的形状来限制上方图层的显示状态，在平面设计制图中很常用。图 6.131 和图 6.132 所示为使用剪贴蒙版制作的作品。

图 6.131   图 6.132

剪贴蒙版组由两个部分组成，即基底图层和内容图层。基底图层用于限定最终图像的形状，而内容图层则用于限定最终图像显示的颜色图案，如图 6.133 所示。

图 6.133

基底图层是位于剪贴蒙版组最底端的一个图层，基底图层只有一个，它决定了位于其上面的图像的显示范围。如果对基底图层进行移动、变换等操作，那么上面的图像也会随之受到影响。

内容图层可以是一个或多个。对内容图层的操作不会影响基底图层，但对其进行移动变换等操作时，其显示范围也会随之改变。需要注意的是，剪贴蒙版虽然可以应用在多个图层中，但是这些图层不能是隔开的，必须是相邻的图层。

剪贴蒙版的内容图层不仅可以是普通的像素图层，还可以是"调整图层""形状图层""填充图层"等类型的图层。使用"调整图层"作为剪贴蒙版中的内容图层是非常常见的，主要可以用来调整某一图层而不影响其他图层。

读书笔记

6.4.3 项目：乡村宣传册封面设计与制作

本项目是为龙窖山村做旅游宣传册的封面，村长要求用龙窖山的瀑布图像作为主图进行设计，为了让画面更丰富且有特色，主体部分主要运用了图层蒙版的合成。

操作步骤：

Step 1 ▶ 执行"文件/新建"命令，弹出"新建文档"对话框，将预设信息填写完整，如图 6.134 所示。

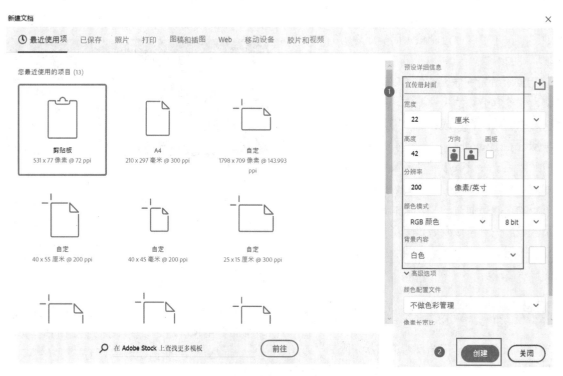

图 6.134

Step 2 ▶ 在素材文件夹中找到瀑布素材图片，拖动置入画面，栅格化图层，调整其大小、位置，如图 6.135 所示。

Step 3 ▶ 执行 "文件/置入嵌入对象"，将"笔触"素材图片置入画面，调整其大小、位置，效果如图 6.136 所示。然后调整其图层顺序至"瀑布"图层的下方，如图 6.137 所示。

Step 4 ▶ 选中 "瀑布" 图层，右击弹出快捷菜单，选择 "创建剪贴蒙版"命令，如图 6.138 所示，效果如图 6.139 所示。

图 6.135

图 6.136

图 6.137

图 6.138

图 6.139

Step 5 ▶ 新建图层，填充绿到蓝的线性渐变，效果如图 6.140 所示。然后创建剪贴蒙版，将混合模式调整为"正片叠底"，"不透明度"调整为 82%，效果如图 6.141 所示。

图 6.140

图 6.141

Step 6 ▶ 添加段落文字，效果如图 6.142 所示。添加主题文字，用椭圆工具在文字下方稍作装饰，让主题更突出，效果如图 6.143 所示。

Step 7 ▶ 置入"背景布"图层，放在"背景"图层的上方，如图 6.144 所示。

Step 8 ▶ 最终效果如图 6.145 所示。

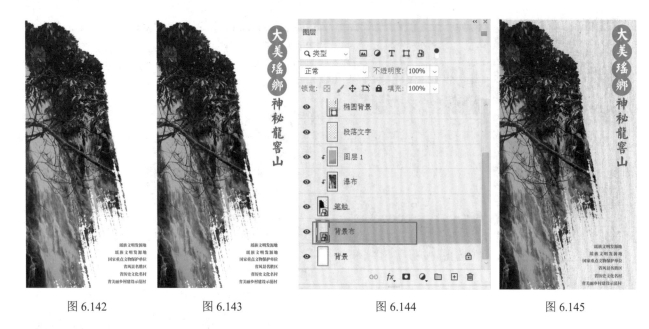

| 图 6.142 | 图 6.143 | 图 6.144 | 图 6.145 |

6.4.4 项目：乡村民宿装饰画制作

本项目为用乡村的特色竹子做一幅民宿装饰画，主图用金属材质与竹子的剪贴蒙版制作而成，这样更抽象且更具有艺术感。

操作步骤：

Step 1 ▶ 执行 "文件 / 新建" 命令，建立如图 6.146 所示设置的文档。

Step 2 ▶ 将画面填充为墨绿色，并将下半部分建立一个正圆形选区，然后删除，效果如图 6.147 所示。

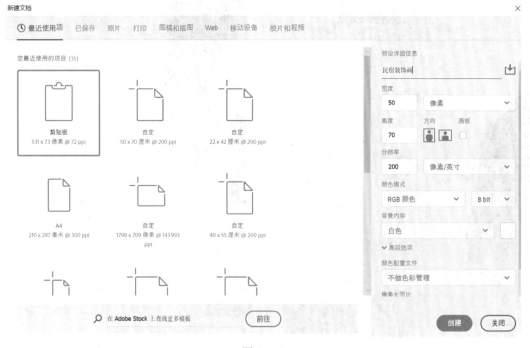

图 6.146

图 6.147

Step 3 ▶ 用移动工具将"竹子"素材图片拖入文档，调整其大小和位置，效果如图6.148所示。将"金属"材质图片拖入画面并复制一层，分别放在两个竹子图层的上方，创建剪贴蒙版，效果如图6.149所示。

图 6.148

图 6.149

Step 4 ▶ 新建图层置于图层最上层，用矩形选框工具在画面中拉出一个矩形，如图6.150所示。执行"选择/反选"命令，用渐变工具调整至如图6.151所示效果，将颜色条在选区内由上至下拉一个线性渐变，做出金属边框的效果。

图 6.150

图 6.151

Step 5 ▶ 按 Ctrl 键的同时单击"图层2"缩略图，为图层创建选区，执行"选择/反选"命令，选中中间的白色部分。执行"选择/修改/扩展"命令，如图6.152所示，设置扩展50像素，效果如图6.153所示。

Step 6 ▶ 执行"编辑/描边"命令，设置为10像素，按Ctrl+D快捷键取消选择，效果如图6.154所示。画面还是比较单调，在主体竹子下方再加个远山背景，调整到合适的位置，效果如图6.155所示。

图 6.152

Step 7 ▶ 添加主题文字，最终效果如图 6.156 所示。

图 6.153

图 6.154

图 6.155

图 6.156

6.4.5 图层蒙版

图层蒙版是 Photoshop 抠图合成必备的工具，因为图层蒙版是以隐藏多余像素代替删除的方法对画面进行编辑的，其既能达到编辑图像的目的，又避免了对原图层的破坏，属于非破坏性的编辑工具。

1. 图层蒙版工作原理

图层蒙版是一种位图工具，通过蒙版中的黑白关系控制画面的显示与隐藏，蒙版中黑色的区域表示隐藏，白色的区域表示显示，而灰色的区域则为半透明显示，灰色程度越深，画面越透明。可以通过使用画笔工具、填充命令、滤镜等处理蒙版的黑白关系，从而控制图像的显示和隐藏。

打开包含两个图层的文档，顶部图层包含图层蒙版且图层蒙版为白色，如图 6.157 所示。按照图层蒙版"黑透、白不透"的工作原理，此时文档窗口显示的是"图层 1"的内容，如图 6.158 所示。

图 6.157

图 6.158

如果要显示"背景"图层的内容，可以选择顶部图层的蒙版，然后用黑色画笔涂抹下面一部分图层蒙版，如图 6.159 所示，换成了草地。如果以半透明的方式显示当前图像，可以用灰色填充顶部图层的图层蒙版，如图 6.160 所示，两层的云彩便混合在一起了。

图 6.159

图 6.160

2. 图层蒙版编辑方法

◆ **停用图层蒙版**：在图层蒙版缩略图上右击，在弹出的快捷菜单中执行"停用图层蒙版"命令，即可停用图层蒙版，使蒙版效果隐藏，原图层内容全部显示出来。

◆ **启用图层蒙版**：在停用图层蒙版以后，如果要重新启用图层蒙版，可以在蒙版缩略图上右击，然后在弹出的快捷菜单中执行"启用图层蒙版"命令。

◆ **删除图层蒙版**：如果要删除图层蒙版，可以在蒙版缩略图上右击，然后在弹出的快捷菜单中执行"删除图层蒙版"命令。

◆ **链接图层蒙版**：在默认情况下，图层与图层蒙版之间带有一个链接图标，此时移动或变换原图层，蒙版也会发生变化。如果不想在变换图层或蒙版时影响到对方，可以单击链接图标，取消链接。如果要恢复链接，可以在取消链接处单击以恢复链接。

◆ **应用图层蒙版**：可以将蒙版效果应用于原图层，并且删除图层蒙版。图像对应蒙版中的黑色区域会被删除，白色区域会保留下来，而灰色区域将呈半透明效果。在图层蒙版缩略图上右击，在弹出的快捷菜单中执行"应用图层蒙版"命令即可。

◆ **转移图层蒙版**：图层蒙版是可以在图层之间转移的。在要转移的图层蒙版缩略图上单击并拖动到其他图层上，释放鼠标后即可将该图层的蒙版转移到其他图层上。

◆ **替换图层蒙版**：如果将一个图层蒙版移动到另外一个带有图层蒙版的图层上，则可以替换该图层的图层蒙版。

◆ **复制图层蒙版**：如果要将一个图层的蒙版复制到另外一个图层上，可以在按住 Alt 键的同时将图层蒙版拖动到另外一个图层上。

◆ **载入蒙版的选区**：蒙版可以转换为选区。按住 Ctrl 键的同时单击图层蒙版缩略图，蒙版中的白色部分将为选区内，黑色部分将为选区外，灰色部分将为羽化的选区。

6.4.6 项目：人物与风景创意合成

本项目主要运用剪贴蒙版与图层蒙版，将风景与人物自然地融合在一起，形成比较有创意的画面。

在人物的头上和身体上分别插入一张图片，运用创建剪贴蒙版和图层蒙版将其自然地融入其中，创作出双层影子的效果。

操作步骤：

Step 1 ▶ 执行"文件/新建"命令，或者按 Ctrl+N 快捷键。打开"新建文档"对话框，设置标题为"创意人物"，"宽度"为"30 厘米"，"高度"为"30 厘米"，"分辨率"为"200 像素/英寸"，"背景内容"为"白色"。如图 6.161 所示。

Step 2 ▶ 执行"文件/打开"命令，将"人物"素材图片打开，如图 6.162 所示。

Step 3 ▶ 执行"图像/调整/色阶"命令，打开"色阶"对话框，参数设置如图 6.163 所示，确定之后选择快速选择工具，在人物上拖动，直至将人物全部选取，如图 6.164 所示。

读书笔记

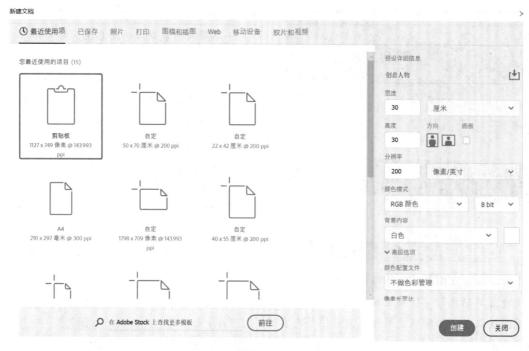

图 6.161

图 6.162

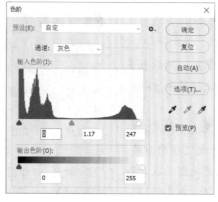

图 6.163

图 6.164

Step 4 ▶ 选择移动工具，将光标移到选区内，按住鼠标左键拖动画面至"创意人物"文档内再释放鼠标，调整其大小和位置，效果如图 6.165 所示。

Step 5 ▶ 将风景图片拉入画面，右击弹出快捷菜单，选择"水平翻转"命令，效果如图 6.166 所示，按 Enter 键或双击确定。

Step 6 ▶ 在风景图层空白处右击弹出快捷菜单，选择"创建剪贴蒙版"命令，稍微调整其位置，效果如图 6.167 所示。

Step 7 ▶ 单击"添加图层蒙版"按扭 ◻ 创建图层蒙版，将前景色和背景色恢复为默认黑白，选择渐变工具，选用基础的黑到透明的渐变，在帽子区域由下往上拉动，效果如图 6.168 所示，如果一次不到位，可以反复拉，直到达到效果为止。

图 6.165

图 6.166 图 6.167

图 6.168

Step 8 ▶ 将另一张水墨风景图片拉入画面，右击，在弹出的快捷菜单中选择 "水平翻转" 命令，调整至合适的位置并按住 Shift 键，调节到合适的大小，双击确定，在此图层空白处右击，单击 "创建剪贴蒙版" 命令，效果如图 6.169 所示。

Step 9 ▶ 单击 "添加图层蒙版" 按钮 ◻ 创建图层蒙版，选择渐变工具，选用基础的黑到透明的渐变，在人物身体部位由上往下拉动，效果如图 6.170 所示，如果一次不到位，可以反复拉，直到达到效果为止。

Step 10 ▶ 最终效果如图 6.171 所示。

图 6.169

图 6.170

黑到透明
上到下渐变

图 6.171

代替删除像素的非破坏性的编辑方式。但是矢量蒙版是矢量工具，需要以钢笔或形状工具在蒙版上绘制路径形状，控制图像的显示或隐藏，并且矢量蒙版可以通过调整路径节点制作出精确的蒙版区域。

操作步骤：

Step 1 ▶ 打开一张儿童照片，使用钢笔工具在画面上随意绘制一个路径，如图 6.172 所示。执行"图层/矢量蒙版/当前路径"命令，如图 6.173 所示。基于当前路径为图层创建一个矢量蒙版，路径以内的部分显示，路径以外的部分被隐藏，如图 6.174 所示。另外，按住 Ctrl 键的同时在"图层"面板下单击"添加图层蒙版"按钮，也可以为图层添加矢量蒙版。

图 6.172

6.4.7 实践：矢量蒙版制作创意照片

矢量蒙版与图层蒙版非常相似，都是以隐藏像素

Step 2 ▶ 使用弯度钢笔工具调整路径锚点的位置，改变矢量蒙版的外形，或者通过变换路径调整其角度大小等，效果如图 6.175 所示。

图 6.173

图 6.174

图 6.175

6.5 滤镜应用

6.5.1 认识滤镜

滤镜最开始来自摄影器材，它是安装在相机镜头上的特殊玻璃片，可以改变光线的色温、折射率等，使用滤镜可以完成一些特殊效果。

在 Photoshop 中滤镜的功能更加强大，它不但能让用户制作出常见的风格化，还能制作出创意十足的图像效果，很多图像中的特效背景或图像中的光晕都可通过滤镜实现。

Photoshop 预设的滤镜主要有两种用途，一种是创建具体的图像效果，如素描、粉笔画、纹理等，该滤镜数量众多，部分滤镜被放置在滤镜库中使用，如"风格化""画笔描边""扭曲""素描"滤镜组。另一种滤镜则用于减少图像杂色、提高清晰度，如"模糊""锐化""杂色"滤镜组。

6.5.2 智能滤镜

应用于智能对象的任何滤镜都是智能滤镜，智能滤镜属于"非破坏性滤镜"。由于智能滤镜的参数是可以调整的，因此可以调整智能滤镜的作用范围，进行移除、隐藏等操作。

要使用智能滤镜，首先需要将普通图层转换为智能对象。在普通图层的缩略图上右击，在弹出的快捷菜单中选择"转换为智能对象"命令，即可将普通图层转换为智能对象，如图 6.176 所示。此时再添加滤镜时即可出现智能滤镜，如图 6.177 所示。在智能滤镜的前方还有一个蒙版，通过控制蒙版的黑白关系即可控制智能滤镜效果的显示与隐藏。

在智能滤镜处右击可以弹出一个快捷菜单，可以执行停用、删除和清除滤镜命令，如图 6.178 所示。双击滤镜名称右侧的 ☰，可以在弹出的"混合选项"对话框中调节滤镜的"模式"和"不透明度"，如图 6.179 所示。

图 6.176　　　　　　　图 6.177

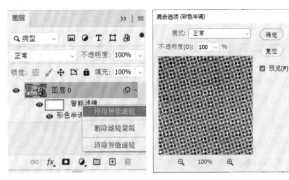

图 6.178　　　　　　　图 6.179

6.5.3 使用滤镜库

使用滤镜库可以浏览 Photoshop 中常用的滤镜效果，并可预览对同一幅图像应用多个滤镜的堆栈效果。执行"滤镜/滤镜库"命令打开"滤镜库"对话框，单击 ▶ 按钮，展开相应的滤镜组，然后单击需要的滤镜缩略图，在对话框左侧的预览框中可预览该滤镜效果，同时在对话框右侧将显示出相应的参数设置选项，进行设置后单击"确定"按钮即可，如图 6.180 所示。下面介绍各部分的主要功能。

◆ **效果预览窗口**：用来预览滤镜的效果。

◆ **缩放预览窗口**：可以通过 ⊟⊞ 缩放显示比例，也可以在缩放列表中选择预设的缩放比例。

◆ **显/隐滤镜缩略图**：单击可以隐藏滤镜缩略图，以增大预览窗口。

图 6.180

- ◆ 参数设置面板：单击滤镜组中的一个滤镜，可以将该滤镜应用于图像，同时在参数设置面板中会显示该滤镜的参数选项。
- ◆ 新建效果图层：单击此按钮可新建一个效果图层，效果图层可保存一个滤镜的设置。
- ◆ 删除效果图层：选择一个效果图层，单击此按钮可删除。

6.5.4 自适应广角滤镜

若想为图像制作具有视觉冲击力的效果（如图像的透视关系），可使用"自适应广角"滤镜来处理图像。

"自适应广角"可以校正用广角镜头拍摄的照片的镜头扭曲。如图 6.181 所示，地平线是扭曲的，执行"滤镜 / 自适应广角"命令，在弹出的对话框中选择约束工具绘制横向水平线，和纵向垂直线进行校正，再稍微缩放画面，即可调整好地平线，效果如图 6.182 所示，"自适应广角"对话框及参数设置如图 6.183 所示。

"自适应广角"对话框中各选项的作用如下。

- ◆ 校正：用于选择校正的类型。
- ◆ 缩放：用于设置图像的缩放情况。

图 6.181

图 6.182

自适应广角 (摄图网_500411356_纳木错 (非企业商用) .jpg @ 22.7%)

相机型号: Canon EOS 5D Mark II (Canon)
镜头型号: —

图 6.183

◆ 焦距：用于设置图像的焦距情况。

◆ 裁剪因子：用于设置需进行裁剪的像素。

◆ 约束工具：单击按钮，在图像上单击或拖动，设置线性约束。

◆ 多边形约束工具：单击按钮，单击设置多边形约束。

◆ 移动工具：单击按钮，拖动鼠标可移动图像内容。

◆ 抓手工具：单击按钮，放大图像后使用该工具移动显示区。

◆ 缩放工具：单击按钮，即可缩放显示比例。

6.5.5 项目：Camera Raw打造唯美画面

在一般情况下，用户都是对 JPG 图像文件进行编辑的，但在相机生成 JPG 文件时，会对文件进行修改和压缩。为了避免这种问题的出现，用户可以使用 Camera Raw 解决。Raw 文件中包含了相机的 ISO 设计、快门速度、光圈值、白平衡等信息。目前，常见的单反相机或高端的卡片机都能拍摄 Raw 文件。Camera Raw 是一款专门用于处理 Raw 文件的程序，

在安装 Photoshop 时，会一起自动安装。使用 Camera Raw 可以对 Raw 文件进行白平衡、清晰度、饱和度、对比度、锐化、色相、去除红眼等操作。启动 Photoshop，执行"文件 / 打开"命令，在弹出的"打开"对话框中选择需编辑的 Raw 文件，将自动打开 Camera Raw 程序。

本项目主要通过 Camera Raw 滤镜调整完成。图 6.184 呈暖色调，整体比较灰暗，需要调整色调和明暗。另外，需要对人物进行增高处理才能打造唯美的画面效果。

图 6.184

操作步骤：

Step 1 ▶ 打开素材，如图 6.184 所示。

Step 2 ▶ 单击"背景"图层并将其拖动至"图层"面板右下方的"创建新图层"按钮（Ctrl+J 快捷键），复

制背景图层，如图6.185所示，出现"背景拷贝"图层。

Step 3 ▶ 调整色调：执行"滤镜/Camera Raw 滤镜"命令，弹出对话框后先进行色温和色调的调整，如图 6.186 所示，将图片变成蓝色调。再单击色调曲线选项，再次调整色调，如图 6.187 所示。

图 6.185　　　　　　　　　　　　　　　　　图 6.186

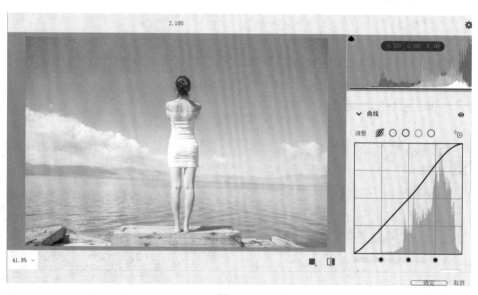

图 6.187

要确定图像的基本色调，Camera Raw 滤镜调色要有目的性，难点在于对色调的把控。

◆ 缩放工具和抓手工具：用于调节显示的大小和位置，以便进行细节的调节。

◆ 白光平衡工具：选择点的 RGB 的数值作为依据，可到 ACR（数字底片）里面调节。

◆ 颜色取样器：对照片中某个点的位置提取该点的 RGB，对图片的色温及颜色的对比。

◆ 目标调整工具：不可以单独使用，需结合功能面板使用，对色相、饱和度、亮度进行调整。

◆ 变换工具：调整水平方向、垂直方向平衡和透视平衡的工具，在面板中可调节。

◆ 污点去除工具：去除污点杂质，出现两个圆圈，可以修复和仿制。

◆ 去除红眼工具：可以调节瞳孔的大小和眼睛的明暗。

◆ 调整画笔：可以对图片的局部进行调节，可调节大小，可对色温、颜色、对比度、饱和度、杂色进行调节。

◆ 渐变滤镜：拉出一个选区，对起点和终点进行调节，增强或降低颜色对比度。

◆ 径向渐变：拉出一个圆圈，可以对四周的点进行调节。

Step 4 ▶ 调整完色调之后，发现人物的体态不够优美，可以适当将人物增高。选择选框工具，在画面上拖动框选选区，如图 6.188 所示。按 Ctrl+T 快捷键，出现 8 个节点的选框。单击上边中间的节点并往下拖动，使人物的身体变高，如图 6.189 所示。

Step 5 ▶ 执行"滤镜 / 液化"命令，弹出对话框，用向前变形工具调整人物的腰部，参数设置如图 6.190 所示。

图 6.188

图 6.189

图 6.190

Step 6 ▶ 最终效果如图 6.191 所示。

图 6.191

6.5.6 镜头校正滤镜

使用相机拍摄照片时，可能因为一些因素出现如镜头失真、晕影、色差等情况，这时可以通过"镜头校正"滤镜，对图像进行校正，修复出现的问题。执行"滤镜 / 镜头校正"命令，打开如图 6.192 所示的"镜头校正"对话框，选择"自定"选项卡，原图及调整后的效果如图 6.193 和图 6.194 所示。

图 6.192

图 6.193

图 6.194

"镜头校正"对话框的"自定"选项卡中各选项的作用如下。

◆ 移去扭曲工具：单击 ⊞ 按钮，可校正镜头的失真。

◆ 拉直工具：单击 ⊞ 按钮，拖动绘制一条直线，可将图像拉直到新的横轴或纵轴。

◆ 移动网格工具：单击 ⊞ 按钮，使用鼠标可移动网格，使网格和图像对齐。

◆ 几何扭曲：用于配合移去扭曲工具校正镜头失真。当数值为负值时，图像将向外扭曲；当数值为正值时，图像将向内扭曲。

◆ 色差：用于校正图像的色差。

◆ 晕影：用于校正由于拍摄原因产生的边缘较暗的图像。其中"数量"选项用于设置沿途向边缘变亮或变暗的程度。"中点"选项用于控制校正的区域范围。

◆ 变换：用于校正相机向上或向下拍摄而出现的透视问题。设置"垂直透视"为 -100 时，图像变为俯视效果。设置"水平透视"为 100 时，图像变为仰视效果。"角度"选项用于旋转图像，可校正相机的倾斜。"比例"选项用于控制镜头校正的比例。

6.5.7 项目：液化打造抽象背景

在"液化"滤镜中，图像就如同刚画好的油画，用手"推"一下画面中的油彩，就能使图像发生变形。

操作步骤：

Step 1 ▶ 执行"文件 / 新建"命令，新建一个尺寸为 A4 的横版文档。选择矩形工具，在画面中拉一个矩形，并将前景色设置为深绿色，按 Alt+Delete 快捷键填充前景色，效果如图 6.195 所示。接着再拉一个矩形，填充颜色如图 6.196 所示。

Step 2 ▶ 重复以上步骤，将画面填充至如图 6.197 所示的效果。

Step 3 ▶ 执行"滤镜 / 液化"命令，用向前变形工具 ⊞ 将画笔稍微调大，在画面中按顺时针方向拖动，直至想要的效果，如图 6.198 所示。

图 6.195

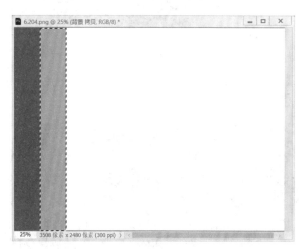

图 6.196

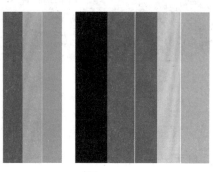

图 6.197

读书笔记 ▶

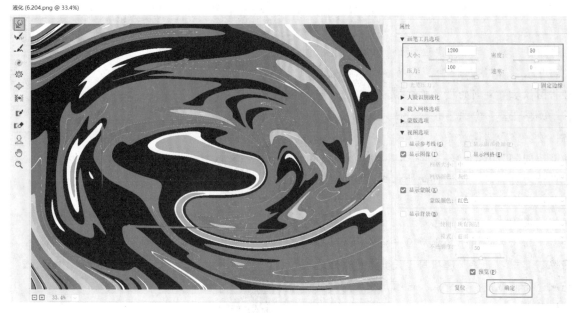

图 6.198

Step 4 ▶ 最终效果如图 6.199 所示。

图 6.199

图 6.200

6.5.8 项目：消失点为宣传栏添加文字

本项目主要是通过消失点工具，为宣传栏添加文字。

操作步骤：

Step 1 ▶ 打开宣传栏图片，如图 6.200 所示。选择横排文字工具，输入文字，如图 6.201 所示。

图 6.201

Step 2 ▶ 按住 Ctrl 键的同时单击文字图层缩略图，建立选区，如图 6.202 所示，按 Ctrl+C 快捷键复制文字。执行"滤镜 / 消失点"命令，利用创建平面工具 ⊞ 画出一个透视框，如图 6.203 所示。

Step 3 ▶ 接着按 Ctrl+V 快捷键粘贴文字，文字出现在画面中，如图 6.204 所示。将文字拖入透视框，选择变换工具 ，调整文字大小，如图 6.205 所示。

图 6.202

图 6.203

图 6.204

图 6.205

Step 4 ▶ 最终效果如图 6.206 所示。

图 6.206

"消失点"对话框中各选项的作用如下。

◆ 编辑平面工具 ▶：可选择编辑或移动平面的节点以及调整平面的大小。

◆ 创建平面工具 ▦：用于定义透视平面的 4 个角节点。创建好 4 个角节点后，使用该工具可以对节点进行移动或缩放等操作。

◆ 选框工具 ▯：可以在创建好的透视平面上绘制选区，选择图像中的某些区域。

◆ 图章工具 ♣：按住 Alt 键在透视平面内单击，可设置取样点。然后在其他区域拖动鼠标，可进行仿制操作。

◆ 画笔工具 ✎：可使用鼠标在透视平面上绘制指定的颜色。

◆ 变换工具 ▦：可使用鼠标对选区进行变形，其效果与"编辑 / 自由变换"命令相同。

◆ 吸管工具 ✐：可使用鼠标在图像上拾取颜色。

◆ 测量工具 ▭：可测量图像中对象的距离和角度。

◆ 抓手工具 ✋：可在预览窗口中移动图像。

◆ 缩放工具 🔍：可在预览窗口中缩小或放大图像。

6.5.9 风格化滤镜组

在 Photoshop 中使用风格化滤镜，可以对图像进行风格化处理。

1. 查找边缘

"查找边缘"滤镜可以自动查找图像中像素对比明显的边缘，将高反差区域变亮，低反差区域变暗，其他区域在高反差区域和低反差区域之间过渡。

执行"滤镜 / 风格化 / 查找边缘"命令，自动生成查找边缘效果，原图与效果图分别如图 6.207 和图 6.208 所示。

图 6.207

图 6.210

图 6.208

3. 风

"风"滤镜是通过在图像中增加细小的水平线,模拟风吹的效果,而且该滤镜仅在水平方向发挥作用。

执行"滤镜 / 风格化 / 风"命令,弹出"风"对话框,在"方法"选项组中选中"大风"单选按钮,在"方向"选项组中选中"从右"单选按钮,单击"确定"按钮,如图 6.211 所示,效果如图 6.212 所示。

2. 等高线

"等高线"滤镜是通过查找图像的主要亮度区,为每个颜色通道勾勒主要的亮度区,以便得到与等高线颜色类似的效果。

执行"滤镜 / 风格化 / 等高线"命令,弹出"等高线"对话框,如图 6.209 所示,在"色阶"文本框中设置等高线色阶数,单击"确定"按钮,效果如图 6.210 所示。

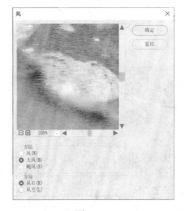

图 6.211

图 6.209

图 6.212

散效果如图 6.216 所示。

4. 浮雕效果

"浮雕效果"滤镜是通过勾画图像或选区轮廓，设置产生凸起或凹陷的效果。

执行"滤镜/风格化/浮雕效果"命令，弹出"浮雕效果"对话框，在"角度"中设置浮雕效果的角度，在"高度"中设置浮雕效果的高度，在"数量"中设置浮雕效果的数量，单击"确定"按钮，如图 6.213 所示。完成的浮雕效果如图 6.214 所示。

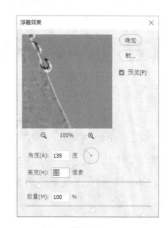

图 6.213

图 6.214

5. 扩散

"扩散"滤镜通过将图像中的相邻图像按规定的方式有机移动（如正常、变亮优先和各向异性等模式），使得图像进行扩散，从而形成好似透过磨砂玻璃查看图像的效果。

执行"滤镜/风格化/扩散"命令，弹出"扩散"对话框，在"模式"选项组中选中"变亮优先"单选按钮，单击"确定"按钮，如图 6.215 所示，完成的扩

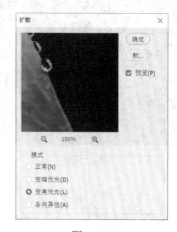

图 6.215

图 6.216

6. 拼贴

"拼贴"滤镜可以根据设定的值将图像分成若干块，并使图像从原来的位置偏离，看起来好像由砖块拼贴而成。

执行"滤镜/风格化/拼贴"命令，弹出"拼贴"对话框，在"拼贴数"文本框中输入图像拼贴数，单击"确定"按钮，如图 6.217 所示。完成的拼贴效果如图 6.218 所示。

图 6.217

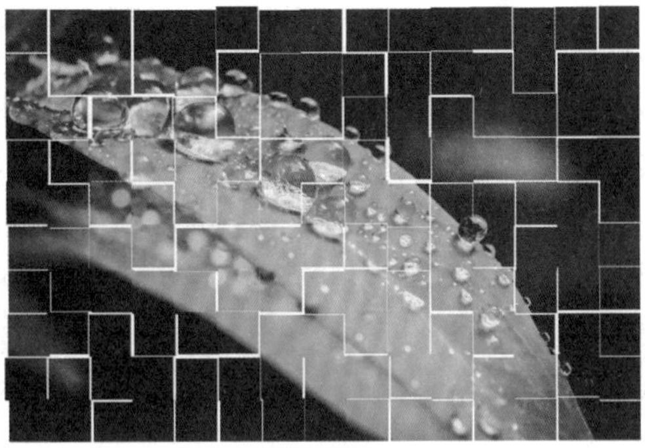

图 6.218

7. 曝光过度

"曝光过度"滤镜可以使图像的正片和负片混合，实现类似于摄影中增加光线强度而产生的过度曝光的效果。该滤镜无参数对话框，效果如图 6.219 所示。

图 6.219

8. 凸出

"凸出"滤镜是通过设置的数值将图像分成大小相同并重叠放置的立方体或锥体，从而产生 3D 效果。执行"滤镜/风格化/凸出"命令，弹出"凸出"对话框，在"大小"文本框中输入图像凸出的大小数值，在"深度"文本框中输入图像凸出的深度数据，单击"确定"按钮，如图 6.220 所示，效果如图 6.221 所示。

图 6.220

图 6.221

6.5.10 模糊滤镜组

在 Photoshop 中使用模糊滤镜，可以对图像进行模糊化处理。本节重点介绍模糊滤镜方面的知识。

1. 表面模糊

"表面模糊"滤镜是在保留图像边缘的情况下，模糊图像，使用该滤镜可以创建特殊的效果，消除图像中的杂色及颗粒。

在 Photoshop 中打开图像文件，如图 6.222 所示。执行"滤镜/模糊/表面模糊"命令，弹出"表面模糊"对话框，在"半径"文本框中输入图像模糊的数值，在"阈值"文本框中输入阈值的数值，单击"确定"按钮，如图 6.223 所示，效果如图 6.224 所示。

图 6.222

读书笔记

191

图 6.223

图 6.226

图 6.224

3. 方框模糊

"方框模糊"滤镜是使用图像中相邻像素的平均颜色，模糊图像。在"方框模糊"对话框中，可以设置模糊的区域范围。

执行"滤镜 / 模糊 / 方框模糊"命令，弹出"方框模糊"对话框，在"半径"文本框中输入图像模糊半径的数值，单击"确定"按钮，如图 6.227 所示，效果如图 6.228 所示。

2. 动感模糊

"动感模糊"滤镜可以通过设置模糊角度与强度，产生移动拍摄图像的效果。

执行"滤镜 / 模糊 / 动感模糊"命令，弹出"动感模糊"对话框，在"角度"文本框中输入图像角度的数值，在"距离"文本框中输入距离的数值，单击"确定"按钮，如图 6.225 所示，效果如图 6.226 所示。

图 6.227

图 6.225

图 6.228

4. 高斯模糊

"高斯模糊"滤镜是通过在图像中添加一些细节，使图像产生朦胧的感觉。执行"滤镜/模糊/高斯模糊"命令，弹出"高斯模糊"对话框，在"半径"文本框中输入图像模糊半径的数值，单击"确定"按钮，如图 6.229 所示，效果如图 6.230 所示。

图 6.229

图 6.230

5. 进一步模糊

"进一步模糊"滤镜没有参数设置，效果也不是很明显，调整前后对比分别如图 6.231 和图 6.232 所示。

图 6.231

图 6.232

6. 径向模糊

"径向模糊"滤镜是通过模拟相机的缩放和旋转，产生模糊的效果。

执行"滤镜/模糊/径向模糊"命令，弹出"径向模糊"对话框，在"数量"文本框中输入 10，在"模糊方法"选项组中选中"旋转"单选按钮，在"品质"选项组中选中"最好"单选按钮，单击"确定"按钮，如图 6.233 所示。原图和效果图分别如图 6.234 和图 6.235 所示。

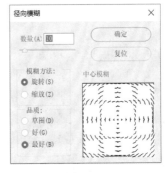

图 6.233

图 6.234

图 6.235

7. 镜头模糊

"镜头模糊"滤镜可使图像模拟摄像时镜头抖动产生的模糊效果。执行"滤镜 / 模糊 / 镜头模糊"命令，弹出的"镜头模糊"对话框如图 6.236 所示，原图和效果图分别如图 6.237 和图 6.238 所示。

读书笔记

图 6.236

图 6.237

图 6.238

8. 模糊

"模糊"滤镜通过对图像中边缘过于清晰的颜色进行模糊处理，以达到模糊的效果。它无参数设置对话框，使用一次效果不明显，重复多次后效果明显。

9. 平均

"平均"滤镜通过对图像中的平均颜色进行柔和处理，从而产生模糊效果。它无参数设置对话框，原图和效果图分别如图 6.239 和图 6.240 所示。

图 6.239

图 6.240

10. 特殊模糊

"特殊模糊"滤镜是通过对"半径""阈值""品质""模式"等选项的设置，精确地模糊图像。执行"滤镜 / 模糊 / 特殊模糊"命令，弹出"特殊模糊"对话框，在"半径"和"阈值"文本框中输入数值，在"品质"下拉列表框中选择"低"选项，在"模式"下拉列表框中选择"仅限边缘"选项，单击"确定"按钮，原图如图 6.241 所示，参数设置如图 6.242 所

示，效果如图 6.243 所示。

图 6.241

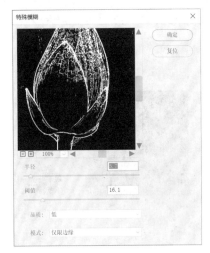

图 6.242

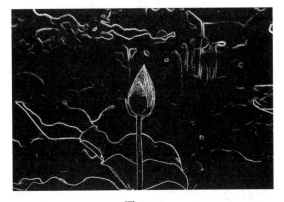

图 6.243

11. 形状模糊

"形状模糊"滤镜使图形按照某一指定形状，作

为模糊中心进行模糊。执行"滤镜 / 模糊 / 形状模糊"命令，在弹出的对话框下方选择一种形状，输入半径值，值越大，模糊效果越强。原图如图 6.244 所示，参数设置如图 6.245 所示，效果如图 6.246 所示。

图 6.244

图 6.245

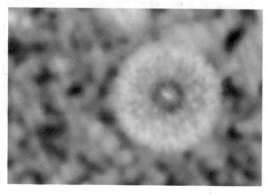

图 6.246

6.5.11 项目：制作移轴摄影效果

"移轴模糊"滤镜可以将普通的照片转化为好像使用移轴镜头拍摄的照片，该滤镜常用于风景照片的处理。本项目中，在对图片进行"移轴模糊"处理之后，对画面上除房子以外的部分都进行了模糊，同时也调整了饱和度及曝光度，对比效果如图 6.247 和图 6.248 所示。

图 6.247

图 6.248

操作步骤：

Step 1 ▶ 打开风景素材图片，如图 6.249 所示。执行"滤镜 / 模糊画廊 / 移轴模糊"命令，弹出"移轴模糊"对话框，将光标放在控制点位置，按住鼠标拖动至房子位置，这样房子就不会被模糊掉，如图 6.250 所示。

Step 2 ▶ "移轴模糊"后，效果如图 6.251 所示。画面比较灰暗，先调整其自然饱和度，执行"图像 / 调整 / 自然饱和度"命令，参数设置如图 6.252 所示。

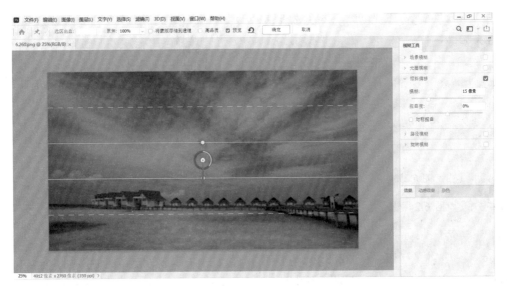

图 6.249

图 6.250

图 6.251

图 6.252

Step 3 ▶ 执行 "图像 / 调整 / 曝光度" 命令，参数设置如图 6.253 所示。

图 6.253

Step 4 ▶ 最终效果如图 6.248 所示。

6.5.12 扭曲滤镜组

在 Photoshop 中使用扭曲滤镜，可以对图像进行扭曲化处理。

1. 波浪

"波浪" 滤镜是通过设置 "生成器数"、波长符合比例等参数，在图像中创建波状起伏的图案。执行 "滤镜 / 扭曲 / 波浪" 命令，弹出 "波浪" 对话框，输入相关数值，单击 "确定" 按钮。原图、参数设置及效果图分别如图 6.254 ～图 6.256 所示。

图 6.254

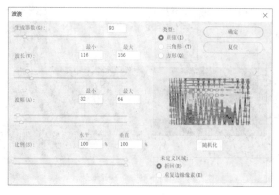

图 6.255

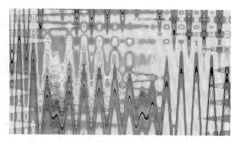

图 6.256

2. 波纹

"波纹" 滤镜同 "波浪" 滤镜功能类似，但其仅可以控制波纹的数量和波纹的大小。执行 "滤镜 / 扭曲 / 波纹" 命令，弹出 "波纹" 对话框，在 "数量" 文本框中输入 659，在 "大小" 下拉列表框中选择 "大" 选项，单击 "确定" 按钮。参数设置及效果图分别如图 6.257 和图 6.258 所示。

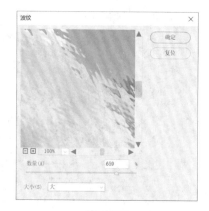

图 6.257

图 6.258

3. 极坐标

"极坐标" 滤镜可以使图像的像素发生位移。执行 "滤镜 / 扭曲 / 极坐标" 命令，弹出 "极坐标" 对话框，选中"平面坐标到极坐标"单选按钮，单击"确定"按钮。参数设置及效果图分别如图 6.259 和图 6.260 所示。

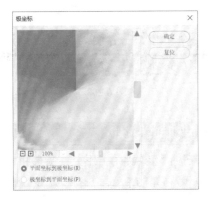

图 6.259

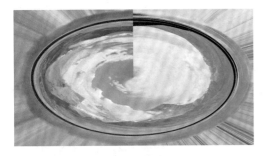

图 6.260

4. 挤压

"挤压"滤镜是将图像或选区中的内容向外或向内挤压，使图像产生向外突出或向内凹陷的效果。执行"滤镜 / 扭曲 / 挤压"命令，弹出"挤压"对话框，在"数量"文本框中输入 67，单击"确定"按钮。参数设置及效果图分别如图 6.261 和图 6.262 所示。

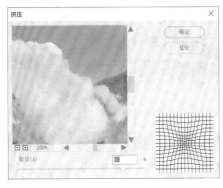

图 6.261

图 6.262

5. 切变

"切变"滤镜可以按照用户的想法设定图像的扭曲程度。执行"滤镜 / 扭曲 / 切变"命令，弹出"切变"对话框，选中"折回"单选按钮，在"切变"区域中设置图像切边的折叠，单击"确定"按钮。参数设置及效果图分别如图 6.263 和图 6.264 所示。

图 6.263

图 6.264

6. 球面化

"球面化"滤镜模拟将图像包在球上并伸展以贴合球面，从而产生球面化的效果。执行"滤镜 / 扭曲 /

球面化"命令，弹出"球面化"对话框，设置相关参数，单击"确定"按钮。参数设置及效果图分别如图 6.265 和图 6.266 所示。

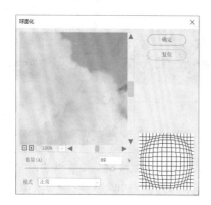

图 6.265

图 6.266

7. 水波

"水波"滤镜可使图像产生起伏状的效果。执行"滤镜 / 扭曲 / 水波"命令，弹出"水波"对话框，设置相关参数，单击"确定"按钮。参数设置及效果图分别如图 6.267 和图 6.268 所示。

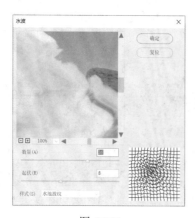

图 6.267

图 6.268

8. 旋转扭曲

"旋转扭曲"滤镜可使图像产生旋转扭曲的效果，且旋转中心为物体的中心。执行"滤镜 / 扭曲 / 旋转扭曲"命令，弹出"旋转扭曲"对话框，设置相关参数，单击"确定"按钮。参数设置及效果图分别如图 6.269 和图 6.270 所示。

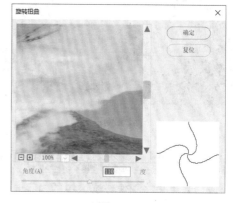

图 6.269

图 6.270

9. 置换

"置换"滤镜可以使图像产生移位的效果，移位的方向不仅与参数设置有关，还与位移图像有密切关系。使用该滤镜需要有两个文件才能完成,一个是编辑文件,一个是位移图文件。位移图文件充当移位模板,用于控制位移方向。执行"滤镜 / 扭曲 / 置换"命令,弹出"置换"对话框,设置相关参数,单击"确定"按钮。对话框如图 6.271 所示,效果如图 6.272所示。

图 6.271

图 6.272

6.5.13 锐化滤镜组

在 Photoshop 中使用锐化滤镜,可以让图片变得更清晰。本节重点介绍锐化滤镜方面的知识。

1. USM锐化

"USM 锐化"滤镜可以调整边缘细节的对比度。

执行"滤镜 / 锐化 /USM 锐化"命令,弹出"USM锐化"对话框,在"数量"文本框中输入图像锐化的数量值,在"半径"文本框中输入图像锐化的半径数值,在"阈值"文本框中输入图像锐化的阈值,单击"确定"按钮,如图 6.273 所示。原图和效果图分别如图 6.274 和图 6.275 所示。

图 6.273

图 6.274

图 6.275

2. 防抖

在拍摄时,经常会出现照片模糊的情况。使用"防抖"滤镜可以提高图像边缘细节的对比度和图像的清晰度。执行"滤镜 / 锐化 / 防抖"命令,弹出如图 6.276所示的"防抖"对话框。

图 6.276

3. 进一步锐化

"进一步锐化"滤镜可以增加像素之间的对比度，使图像变清晰，但锐化效果比较微弱。该滤镜没有参数设置对话框。

4. 锐化

"锐化"和"进一步锐化"滤镜相似，都是通过增强像素之间的对比度来增强图像的清晰度，其效果比"进一步锐化"滤镜明显，也没有参数设置对话框。

5. 锐化边缘

"锐化边缘"滤镜可以锐化图像的边缘并保留图像整体的平滑度，该滤镜没有参数设置对话框。

6. 智能锐化

"智能锐化"滤镜可以设置锐化的计算方法或控制锐化的区域，如阴影高光区等。执行"滤镜/锐化/智能锐化"命令，如图 6.277 所示，弹出"智能锐化"对话框，输入相关参数，单击"确定"按钮。最终效果如图 6.278 所示。

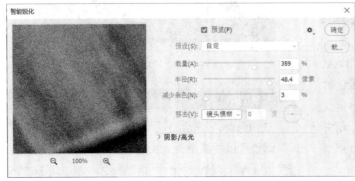

图 6.277　　　　　　　　　　　　图 6.278

6.5.14 视频滤镜组

1. NTSC颜色

"NTSC 颜色"滤镜可以将图像的色域限制在电视机重现可接受的范围内，以防止过度饱和的颜色涌入电视扫描行中。

2. 逐行

"逐行"滤镜可以移除视频图像中的奇数或偶数隔行线，使在视频上捕捉的运动图像变得平滑。

6.5.15 像素化滤镜

在 Photoshop 中使用像素化滤镜，可以对图像的像素进行特殊化处理。

1. 彩块化

"彩块化"滤镜是通过使用纯色或颜色相近的像素结成块，使图像看上去类似手绘的效果。执行"滤镜 / 像素化 / 彩块化"命令，没有参数设置对话框，原图与效果图分别如图 6.279 和图 6.280 所示。

图 6.279

图 6.280

2. 彩色半调

"彩色半调"滤镜通过设置通道划分矩形区域，使图像形成网点状的效果，高光部分的网点较小，阴影部分的网点较大。执行"滤镜 / 像素化 / 彩色半调"命令，弹出"彩色半调"对话框，如图 6.281 所示设置相关参数，单击"确定"按钮，效果如图 6.282 所示。

图 6.281

图 6.282

3. 点状化

"点状化"滤镜可以在图像中随机产生彩色斑点，点与点间的空隙用背景色填充。在"点状化"对话框中，"单元格大小"文本框用于设置点状网格的大小，如图 6.283 所示，效果如图 6.284 所示。

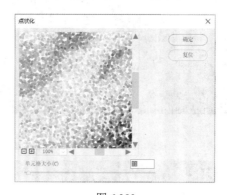

图 6.283

图 6.284

4. 晶格化

"晶格化"滤镜是通过将图像中相近的像素集中到多边形色块中，产生结晶颗粒的效果。执行"滤镜 / 像素化 / 晶格化"命令，弹出"晶格化"对话框，在"单元格大小"文本框中输入 10，单击"确定"按钮，如图 6.285 所示，效果如图 6.286 所示。

图 6.285

图 6.286

5. 马赛克

"马赛克"滤镜是通过渲染图像形成类似小碎片

拼贴图像的效果。执行"滤镜 / 像素化 / 马赛克"命令，弹出"马赛克"对话框，在"单元格大小"文本框中输入 26，单击"确定"按钮，设置如图 6.287 所示，效果如图 6.288 所示。

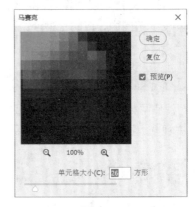

图 6.287

图 6.288

6. 碎片

"碎片"滤镜可以将图像的像素复制 4 遍，然后将它们平均移位并降低不透明度，从而形成一种不聚焦的"四重视"效果，如图 6.289 所示。

图 6.289

6.5.16 渲染滤镜组

在 Photoshop 中使用渲染滤镜，可以创建 3D 图形、云彩图案、折射图案和模拟反光效果。

1. 火焰

"火焰"滤镜可以轻松打造出沿路径排列的火焰效果。首先需要在画面中绘制一条路径，如图 6.290 所示。选择一个图层（可以是空图层），执行"滤镜 / 渲染 / 火焰"命令，弹出"火焰"对话框。在"基本"选项卡中可以针对"火焰类型"等参数进行设置，如图 6.291 所示，单击"确定"按钮，图层中即出现火焰效果，如图 6.292 所示。

图 6.290

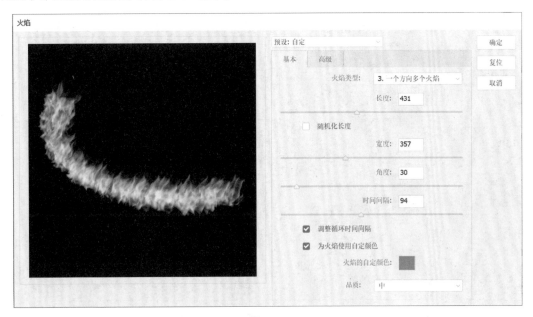

图 6.291

图 6.292

读书笔记

2. 图片框

"图片框"滤镜可以在图像边缘处添加各种风格的花纹相框。打开一张图片，如图6.293所示。单击"创建新图层"按钮新建一个图层，执行"滤镜/渲染/图片框"命令，在弹出的对话框中可以在"图案"下拉列表框中选择一个合适的图案样式，接着可以在下方进行图案颜色以及细节的设置，如图6.294所示，单击"确定"按钮，效果如图6.295所示。

图 6.293

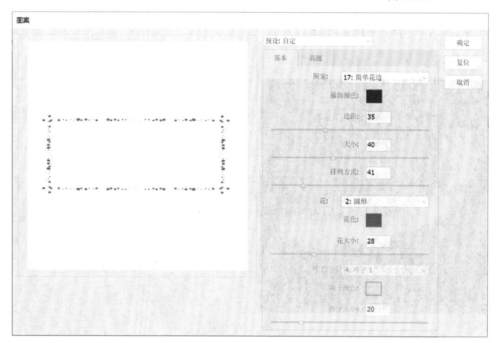

图 6.294

图 6.295

3. 树

"树"滤镜可以轻松创建出多种类型的树。

首先选择一个图层，执行"滤镜/渲染/树"命令，弹出"树"对话框，在"基本树类型"下拉列表框中选择一个合适的树型，接着在下方进行参数设置，如图6.296所示。设置完成后，单击"确定"按钮即可完成操作，效果如图6.297所示。

读书笔记

图 6.296

图 6.297

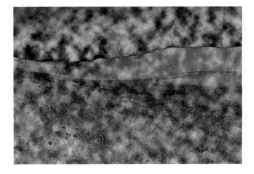

图 6.299

4. 分层云彩

"分层云彩"滤镜是将云彩数据与像素混合，创建类似大理石纹理的图案。原图如图 6.298 所示，执行"滤镜 / 渲染 / 分层云彩"命令后，效果如图 6.299 所示。

图 6.298

5. 镜头光晕

"镜头光晕"滤镜是模拟亮光照射到相机镜头后产生折射的效果，可以创建玻璃或金属等反射的光芒。执行"滤镜 / 渲染 / 镜头光晕"命令，弹出"镜头光晕"对话框，如图 6.300 所示，在"镜头类型"选项组中选中"50-300 毫米变焦"单选按钮，在"亮度"文本框中输入 134，单击"确定"按钮，效果如图 6.301 所示。

6. 纤维

"纤维"滤镜可以根据前景色和背景色创建类似编织的纤维效果。在使用"纤维"滤镜之前，要先设置好前景色与背景色，再执行"滤镜 / 渲染 / 纤维"命令，打开"纤维"对话框，如图 6.302 所示，效果如图 6.303 所示。

图 6.300

图 6.301

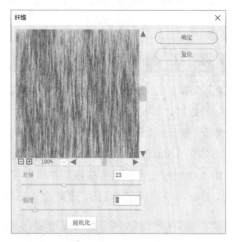

图 6.302

"纤维"对话框中选项的作用如下。

◆ 差异：用来设置颜色变化的方式。较低的数值可以生成较长的颜色条纹；较高的数值可以生成较短且颜色分布变化更大的纤维。

图 6.303

◆ 强度：用来设置纤维外观的明显程度。
◆ 随机化：可以随机生成新的纤维。

7. 云彩

在使用"云彩"滤镜之前先设置前景色与背景色，如图 6.304 所示，执行"滤镜 / 渲染 / 云彩"命令后，效果如图 6.305 所示。

图 6.304   图 6.305

6.5.17 杂色滤镜组

在 Photoshop 中使用杂色滤镜，用户可以创建与众不同的纹理，去除有问题的区域。

1. 减少杂色

"减少杂色"滤镜用于去除画面中的噪点。如图 6.306 所示，将画面放大，会发现画面中出现了很多噪点，执行"滤镜 / 杂色 / 减少杂色"命令，弹出"减少杂色"对话框，可见一些参数设置，其中"强度"代表调整参数的程度，"减少杂色"代表画面中杂色去除的程度，"保留细节"和"锐化细节"是一组组合参数，如果同时加强保留细节和锐化细节，画面就会变得更锐利，如果同时减弱，画面就会变得更柔和。可根据不同的需求自行调整，如图 6.307 所示。通过参数调整后的对比图如图 6.308 所示，画面中的噪点明显减少。

图 6.306

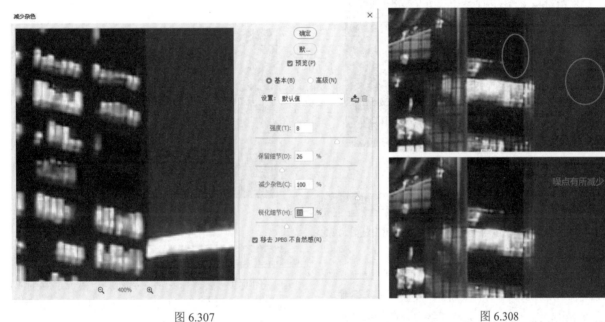

图 6.307

图 6.308

2. 蒙尘与划痕

　　"蒙尘与划痕"滤镜要在锐化图像和隐蔽瑕疵之间取得平衡。执行"滤镜 / 杂色 / 蒙尘与划痕"命令，弹出"蒙尘与划痕"对话框，调整"半径"，"半径"值参数越大，画面越模糊，但去除的杂色越多；调整"阈值"，"阈值"越大，画面的清晰度越高，但去除杂色的效果越不明显。在调整的过程中，需自行尝试找到平衡点即可，原图、参数设置、效果图如图 6.309 ～图 6.311 所示。

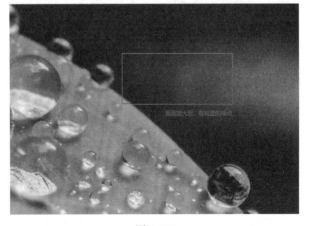

图 6.309

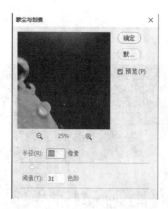

图 6.310

图 6.311

3. 添加杂色

"添加杂色"滤镜可随机添加杂色颗粒图案，杂色点可以作为多种形态的基本元素。

执行"滤镜 / 杂色 / 添加杂色"命令，弹出"添加杂色"对话框，调整"数量"，"数量"越多添加杂色的效果越明显，还可以选择"平均分布"和"高斯分布"两种分布方式，原图、参数设置、效果图如图 6.312 ～图 6.314 所示。

图 6.312

图 6.313

图 6.314

4. 中间值

"中间值"滤镜与"蒙尘与划痕"滤镜十分相似，两者都有半径数值的调整，通过半径的调整让画面模糊，效果无太大区别，但"中间值"没有阈值数值的调整。

读书笔记

模块 7

01 02 03 04 05 06 07

综合实践

7.1 项目："匠心"海报制作

"匠心"是追求工作领域中最高境界的一种体现。本项目主要是通过抠图将不同的图片进行调整，使用混合模式、剪贴蒙版合成等方法制作而成。

操作步骤：

Step 1 ▶ 新建文件。执行"文件 / 新建"命令，打开"新建文档"对话框，如图 7.1 所示，创建一个文档，命名为"匠心海报"，"分辨率"为"300 像素 / 英寸"，"颜色模式"为"RGB 颜色"，"背景内容"为"白色"，单击"创建"按钮。

Step 2 ▶ 打开人物素材图片，如图 7.2 所示，用钢笔工具勾取人物的轮廓，如图 7.3 所示。

Step 3 ▶ 按 Ctrl+Enter 快捷键，将路径变为选区。执行"选择 / 修改 / 羽化"命令，在弹出的对话框中设置"羽化半径"为 2 像素，如图 7.4 所示，效果如图 7.5 所示。

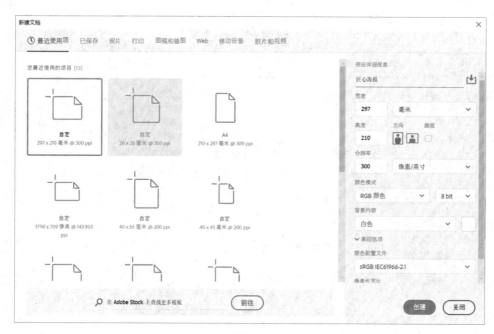

图 7.1

图 7.2

图 7.3

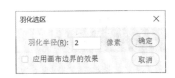

图 7.4

图 7.5

Step 4 ▶ 选择移动工具 ✛，在选区内单击并拖动，将人物移到"匠心海报"文档内，如图 7.6 所示，再用钢笔工具选中红色标识部分，变为选区并删除，如图 7.7 所示。

图 7.6

图 7.7

Step 5 ▶ 将红日图片拖入画面，置于人物图层的下方，栅格化图层，效果如图 7.8 所示。

图 7.8

Step 6 ▶ 用钢笔工具在画面中勾出一个屋角的路径，如图 7.9 所示，接着按 Ctrl+Enter 快捷键，将路径变为选区，效果如图 7.10 所示。

图 7.9

图 7.10

Step 7 ▶ 单击前景色，弹出"拾色器"对话框，令吸管在红圈位置单击吸色，单击"确定"按钮，前景色改变颜色，如图 7.11 所示。

图 7.11

Step 8 ▶ 选中红日图层，按 **Alt+Enter** 快捷键，填充
选区，如图 7.12 所示。用修复画笔工具将过渡处的
颜色处理自然，效果如图 7.13 所示。

似的颜色，效果如图 7.14 所示。

图 7.14

图 7.12

Step 10 ▶ 将笔触图片拖入画面，如图 7.15 所示。

图 7.15

图 7.13

Step 9 ▶ 选择人物图层，按 **Ctrl** 键，然后单击人物图
层缩略图，选中人物，将人物填充为与屋角颜色相

Step 11 ▶ 执行"图像 / 调整 / 色相 / 饱和度"命令，
在弹出的对话框中将"饱和度"和"明度"设置为
"+100"，如图 7.16 所示，效果如图 7.17 所示。

图 7.16　　　　　　　　　　　　　图 7.17

Step 12 ▶ 将笔触调至红日图层的下方，并分别给人物图层和红日创建剪贴蒙版，接着调整笔触层的大小，效果如图 7.18 所示。

图 7.18

Step 13 ▶ 打开匠心文档，如图 7.19 所示。将文字拖入"匠心海报"文档中，如图 7.20 所示。

Step 14 ▶ 按住 Ctrl 键的同时单击匠心文字层缩略图，将文字变为选区。然后改变前景色为黄色、背景色为桔红色。选择渐变工具，由上往下拉动，如图 7.21 所示。文字填充颜色后的效果如图 7.22 所示。

图 7.19

图 7.20

图 7.21

Step 15 ▶ 将底纹图片拉入画面，置于顶层，然后将图层样式设置为"正片叠底"，将不透明度调整为 62%，如图 7.23 所示。

图 7.22

图 7.23

Step 16 ▶ 最终效果如图 7.24 所示。

读书笔记 ▶

图 7.24

7.2 项目：木锤酥包装效果图制作

制作包装效果图，是在设计出商品包装的展开图之后进行的。要让客户直观地看到商品的品质，不但要有立体效果，还要有光影效果，显得真实而有吸引力。

■ 操作步骤：

Step 1 ▶ 执行"文件 / 新建"命令，弹出"新建文档"对话框，设置尺寸为 A4 大小，名称为"木锤酥"，"分辨率"为"300 像素 / 英寸"，如图 7.25 所示。

Step 2 ▶ 打开素材文档木锤酥的展开图，选中如图 7.26 所示的包装正面部分。

Step 3 ▶ 拖动到新建的木锤酥文档中。按 Ctrl+T 快捷键出现调节框，调整图片大小，如图 7.27 所示。右击，在弹出的快捷菜单中选择"扭曲"命令，拉动 4 个角调整，如图 7.28 所示。

图 7.25

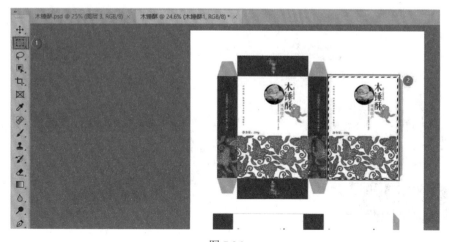

图 7.26

图 7.27

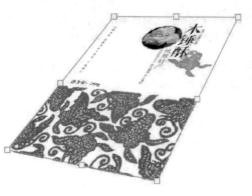

图 7.28

Step 4 ▶ 打开素材选取底部
部分，如图 7.29 所示，拖动
至新建的木锤酥文档中。按
Ctrl+T 快捷键出现调节框，
调整图片大小，如图 7.30 所
示。右击，在弹出的快捷菜
单中选择"扭曲"命令，拉
动 4 个角调整，如图 7.31 所示。

图 7.29

图 7.30

图 7.31

Step 5 ▶ 打开素材，
选取侧面部分，如
图 7.32 所示，拖动
至新建的木锤酥文
档中。按 Ctrl+T 快
捷键出现调节框，
调整图片大小，如
图 7.33 所示。右击，
在弹出的快捷菜单
中选择"扭曲"命令，
拉动 4 个角调整，
如图 7.34 所示。

图 7.32

Step 6 ▶ 选中"图
层 1""图层 2""图
层 3"，按 Ctrl+T
快捷键出现调节框，
调整图片大小，如
图 7.35 所示。

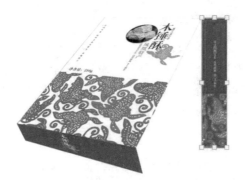

图 7.33

图 7.34

图 7.35

Step 7 ▶ 为了让显示效果更好，给背景填充颜色，如图 7.36 所示。

Step 8 ▶ 用钢笔工具勾出如图 7.37 所示的投影部分。

Step 9 ▶ 按 Ctrl+Enter 快捷键变为选区，如图 7.38 所示，新建"图层 4"，置于背景上方，用渐变工具拉出投影效果。

Step 10 ▶ 新建"图层 5"，置于背景上方，用钢笔工具勾出如图 7.39 所示的部分。

Step 11 ▶ 按 Ctrl+Enter 快捷键变为选区。如图 7.40 所示，执行"选择 / 修改 / 羽化"命令，在弹出的"羽化选区"对话框中设置"羽化半径"为 5 像素，如图 7.41 所示。

图 7.36

图 7.37

图 7.38

图 7.39

图 7.40

Step 12 ▶ 拉出渐变效果，如图 7.42 所示。

Step 13 ▶ 选用模糊工具，对投影部分进行调整，如图 7.43 所示。

Step 14 ▶ 按住 Ctrl 键的同时单击"图层 3"缩略图

建立选区，新建"图层 6"，如图 7.44 所示。给"图层 6"填充黑色，并调整"图层 3"的不透明度为 52%，使之变暗，如图 7.45 所示。

图 7.41 　　　　　　　　　　图 7.42 　　　　　　　　　　图 7.43

图 7.44

图 7.45

Step 15 ▶ 选中"图层 2",执行"图像 / 调整 / 色相 / 饱和度"命令,如图 7.46 所示。在弹出的"色相 / 饱和度"对话框中,按如图 7.47 所示设置,使之颜色变深。

Step 16 ▶ 拉进素材木锤酥的罐子,如图 7.48 所示。

Step 17 ▶ 拉进包装正面部分,按 Ctrl+T 快捷键之后右击,在弹出的快捷菜单中选择"变形"命令,如

图 7.49 所示。

Step 18 ▶ 整体调整位置及背景颜色。将罐子标签右侧用加深工具稍微加深,使它有明暗关系。发现盒子的投影还是比较突兀的,将盒子包装的两投影层合并,可再加个图层蒙版,用黑到透明的渐变将投影处理自然,效果如图 7.50 所示。

Step 19 ▶ 最终效果如图 7.51 所示。

图 7.46

图 7.47

图 7.48

图 7.49

图 7.50

图 7.51

7.3 项目：西餐厅宣传单设计与制作

经常见到餐厅的宣传单，每一家餐厅为了吸引更多的食客来品尝美味的食物，会定期派发一些餐饮的宣传单进行宣传。餐厅宣传单的构成主要为餐厅名称、二维码、食物及主要食材。我们要选取素材，调整处理素材图片，再结合文字合成图片。

操作步骤：

Step 1 ▶ 执行"文件／新建"命令，弹出"新建文档"对话框，新建一个 A4 大小的文件，"分辨率"为"300像素／英寸"，具体设置如图 7.52 所示。

Step 2 ▶ 拉入木纹素材，执行"图像／调整／色阶"命令，

在弹出的"色阶"对话框中设置参数，如图 7.53 所示，确认后效果如图 7.54 所示。

Step 3 ▶ 抠取菜板素材，执行"图像／调整／色阶"命令，在弹出的"色阶"对话框中设置参数，如图 7.55 所示。

图 7.52

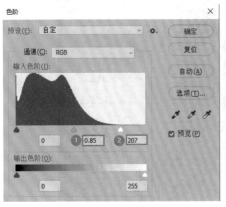

图 7.53

图 7.54

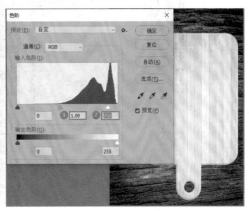

图 7.55

Step 4 ▶ 用横排文字工具输入文字，调整文字颜色大小，如图 7.56 所示。接着输入其他文字，效果如图 7.57 所示。

Step 5 ▶ 用横排文字工具输入价格，颜色为白色，如图 7.58 所示。然后在文字下方建一个图层，用形状工具画一个圆角柜形。按住 Ctrl 键选中这两个图层，单击"图层"面板的"链接图层"按钮，链接图层，如图 7.59 所示。确认后效果如图 7.60 所示。

Step 6 ▶ 在素材库中抠选素材"面"，放入菜板中合适的位置，如图 7.61 所示。接着抠选素材"披萨"，放入菜板中合适的位置，效果如图 7.62 所示。

图 7.56　　　　　　图 7.57

图 7.58　　　　　　图 7.59

图 7.60　　　　图 7.61　　　　图 7.62

Step 7 ▶ 在素材库中抠选素材"西红柿",放入画面左上角位置,如图7.63所示。接着设置其图层样式,如图7.64所示。

Step 8 ▶ 复制一个"西红柿"图层,置于合适位置,再抠选"团面"放置到如图7.65所示的位置,单击"西红柿"图层,右击复制图层样式,再单击"团面"图层,右击粘贴图层样式。

Step 9 ▶ 依次将"勺子"和"叉子"抠选进来,并粘贴图层样式,置于如图7.66所示的位置。

Step 10 ▶ 将"二维码"抠选拉入画面,放于菜板下

方的位置,如图7.67所示。

Step 11 ▶ 输入文字"M西餐厅"并调整文字大小,如图7.68所示,在图层处右击复制图层样式。

Step 12 ▶ 将其他素材依次抠选进来,调整其大小、位置、角度,如图7.69所示。选中这些图层并右击复制图层样式,如图7.70所示。

Step 13 ▶ 选择最上一个图层,单击"图层"面板的"创建新的填充或调整图层"按扭,调整色相/饱和度,如图7.71所示,选中这些图层并右击复制图层样式。

图 7.63

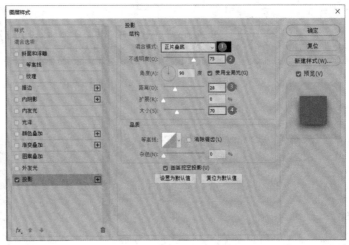

图 7.64

图 7.65

图 7.66

图 7.67

图 7.68

图 7.69

图 7.70

Step 14 ▶ 统一色调后，效果如图 7.72 所示。

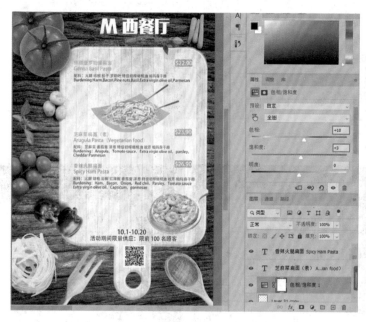

图 7.71

图 7.72

7.4 项目：景观剖面图制作

　　景观剖面图在景观设计方案中非常重要，其一般要显示出建筑物、构筑物的地形高差设计、竖向布置和基地临界情况等，在景观设计中是竖向布置的指导性文件。本项目为杭州保利售楼处景观剖面图的制作，最终完成的效果如图 7.73 所示。

图 7.73

剖面图的制作主要包括背景贴图大环境的添加、植物添加、人物、汽车、飞鸟等细节元素添加、平面图添加、剖切位置添加等。

操作步骤:

Step 1 ▶ 单击"新建"按钮,如图 7.74 所示。按照图 7.75 所示设置参数并单击"创建"按钮,创建后打开如图 7.76 所示的窗口。

Step 2 ▶ 执行"文件 / 置入嵌入对象"命令,如图 7.77 所示。将素材图片"建筑底图"置入,如图 7.78 所示,置入图片后单击"√"按钮,或按 Enter 键确定,如图 7.79 所示。

图 7.74

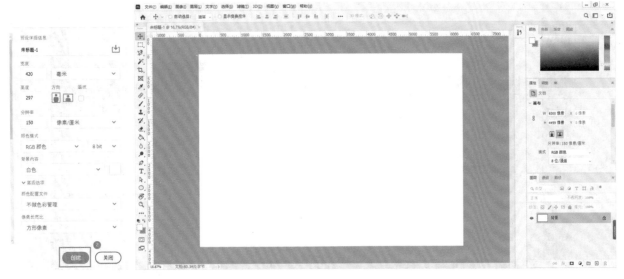

图 7.75

图 7.76

数字平面制作——**Photoshop** 从入门到实践

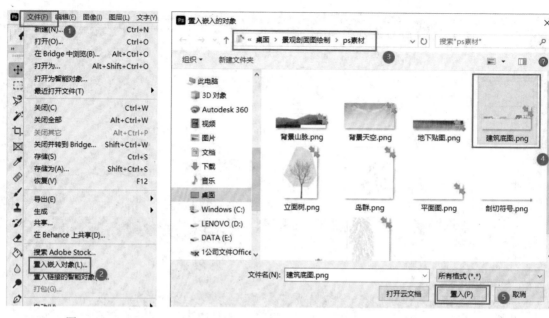

图 7.77   图 7.78

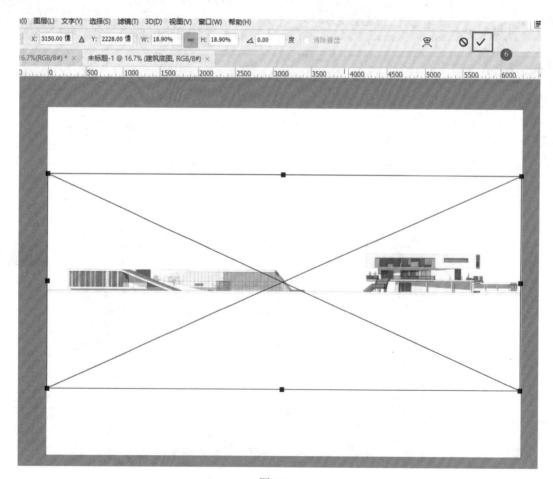

图 7.79

228

Step 3 ▶ 参考步骤 2，将"地下贴图"素材置入文档，并按住鼠标左键，将"地下贴图"图层拖动至"建筑底图"图层之下，如图 7.80 所示；选择移动工具 ⊕，将"地下贴图"向下拖动，如图 7.81 和图 7.82 所示。"地下贴图"是表达剖面图中的地平线以下的土壤结构，在素材的选择上要能体现出土壤的质感，但颜色不要太深，否则在画面中会显得非常突兀。

图 7.80

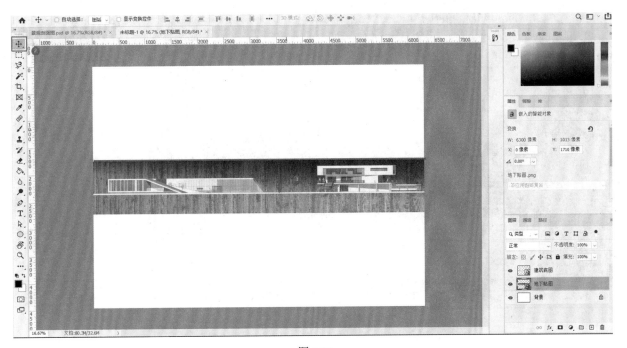

图 7.81

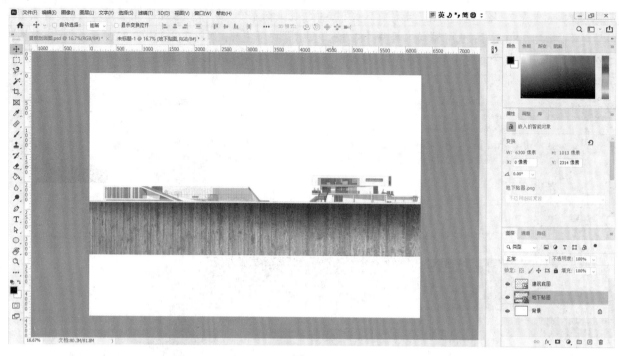

图 7.82

Step 4 ▶ 参考步骤 2，将"背景山脉"置入文档，并将"背景山脉"图层移动至"地下贴图"图层之下，山脉不要超出建筑高度太多，保持建筑在画面中的主体性，如图 7.83 和图 7.84 所示。

图 7.83

图 7.84

Step 5 ▶ 同以上方法置入"背景天空"素材，并将"背景天空"图层移动至"背景山脉"图层之下，如图 7.85 所示；选择移动工具 ，将"背景天空"素材向上拖动到合适的位置，如图 7.86 和图 7.87 所示；注意天空的素材要选择偏灰色调的天空，让画面的整体色调更加统一、和谐。

图 7.85

图 7.86

图 7.87

Step 6 ▶ 单击"图层"面板中的"创建新组"按钮，
双击刚创建的新组并更改组名为"植物"，如图 7.88
和图 7.89 所示。

读书笔记 ▶

图 7.88   图 7.89

Step 7 ▶ 置入"立面树"素材，将"立面树"图层拖动至"植物"组里面，如图 7.90 所示。再单击"植物"组，按 Shift+Ctrl+】组合键，将"植物"组置顶，如图 7.91 和图 7.92 所示。

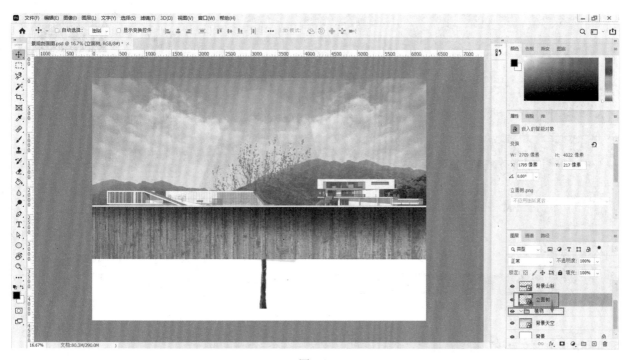

图 7.90

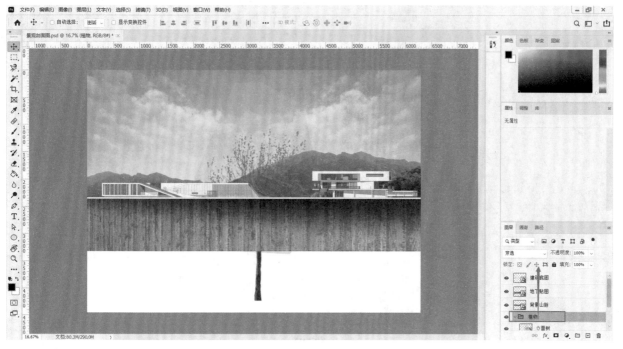

图 7.91

图 7.92

Step 8 ▶ 选中"立面树"图层,执行"编辑/变换/缩放"命令,如图 7.93 所示。

图 7.93

Step 9 ▶ 出现拾取框后,拖动右上角的拾取点,向内拖动,如图 7.94 所示;调整至合适大小后按 Enter 键确定。

调整植物大小需参考建筑的比例，让画面和谐，如图 7.95 所示。

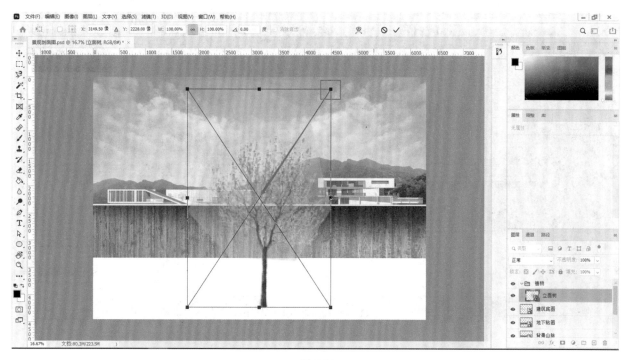

图 7.94

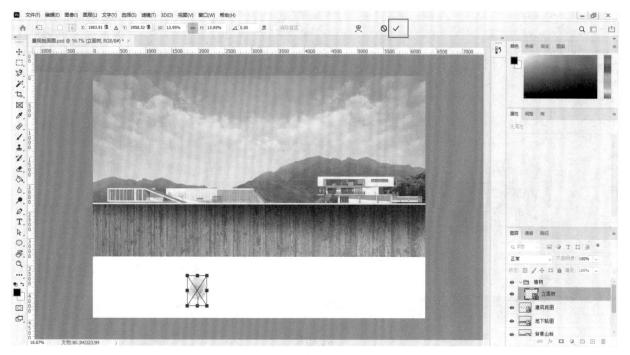

图 7.95

Step 10 ▶ 使用移动工具 ✛ 拖动"立面树"，将其底部放置在地面上，如图 7.96 和图 7.97 所示。

数字平面制作——Photoshop 从入门到实践

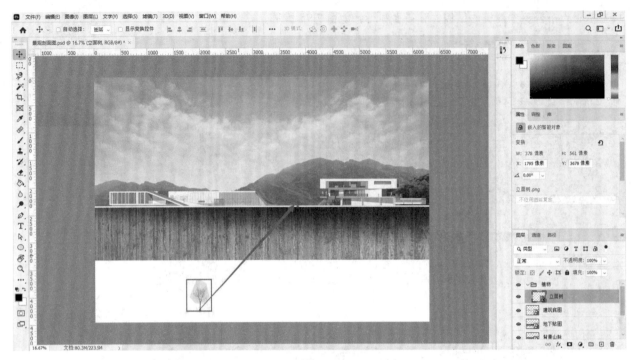

图 7.96

图 7.97

Step 11 ▶ 置入"树根"素材，如图 7.98 所示。选中"树根"图层，执行"编辑 / 变换 / 缩放"命令，如图 7.99 所示。出现拾取框后，拖动右上角的拾取点，向内拖动至合适大小后按 Enter 键确定，如图 7.100 所示。移动缩小后的"树根",与"立面树"素材底部对齐,如图 7.101 和图 7.102 所示。

图 7.98

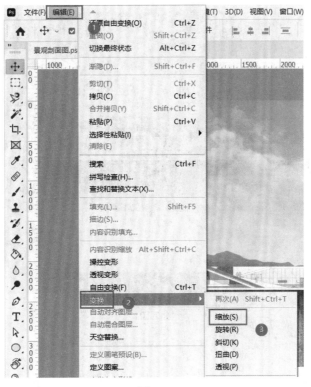

图 7.99

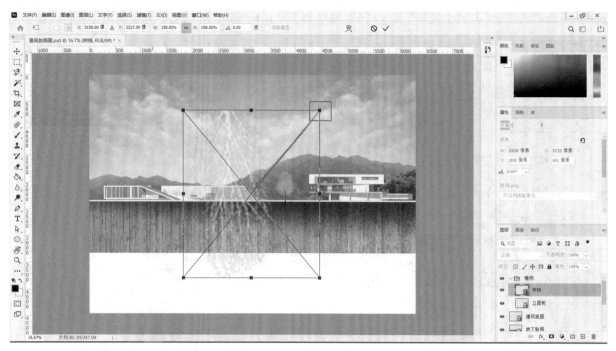

图 7.100

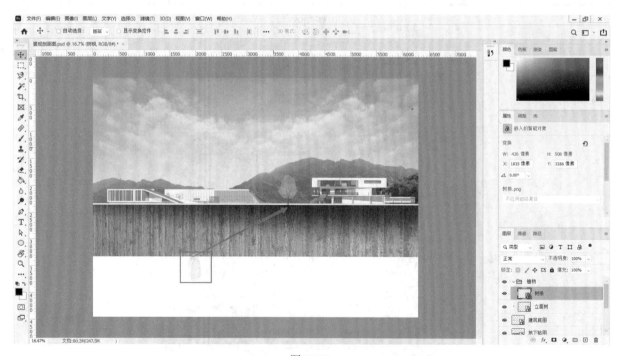

图 7.101

读书笔记

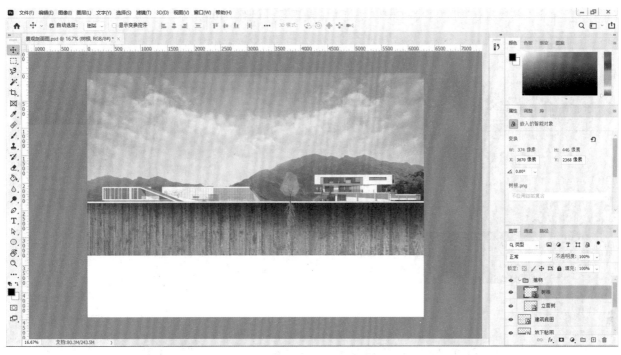

图 7.102

Step 12 ▶ 同时选中"树根"及"立面树"两个图层，如图 7.103 所示；按 Ctrl+E 快捷键合并选中的两个图层，如图 7.104 所示；然后重命名为"植物组合"，如图 7.105 所示。这样操作，是为方便后期的复制和移动。

图 7.103   图 7.104   图 7.105

读书笔记 ▶

Step 13 ▶ 单击"植物组合"图层，按 Ctrl+J 快捷键复制图层，如图 7.106 所示。

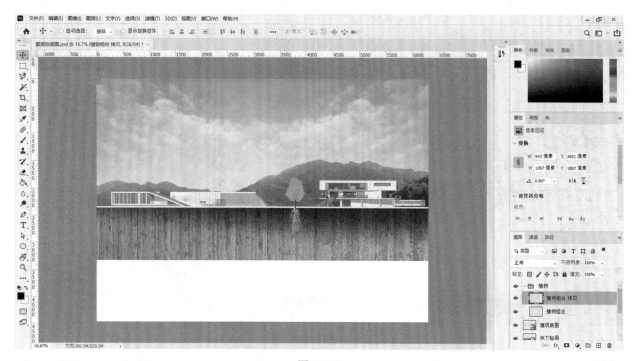

图 7.106

Step 14 ▶ 选择移动工具 ➕，将"植物组合"素材向左拖动，如图 7.107 所示。

图 7.107

Step 15 ▶ 单击"植物组合 拷贝"图层，按 Ctrl+T 快捷键，利用自有变形工具将其缩小，如图 7.108 和图 7.109 所示。

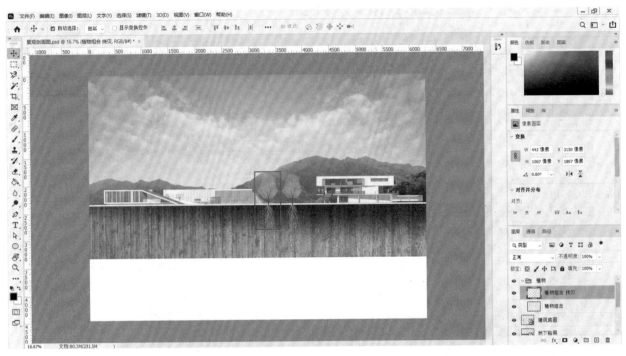

图 7.108

图 7.109

Step 16 ▶ 重复以上步骤，适量添加植物组，同时要注意植物之间的排列，形成大小对比、远近对比、疏密对比、使画面丰富，如图 7.110 所示。

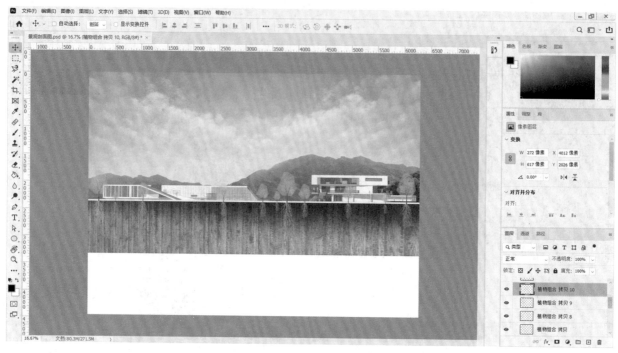

图 7.110

Step 17 ▶ 参考步骤 2，置入"鸟群"素材并移动至合适的位置，位置的选择可以考虑天空中较空旷的区域，利用"鸟群"素材作为点缀，如图 7.111 所示。

图 7.111

Step 18 ▶ 置入不同的"人物剪影"素材并移动至如图 7.112 所示的位置,注意人物的比例与建筑的比例要一致。

图 7.112

Step 19 ▶ 置入"平面图""剖切符号"并移动至图纸的左下方,"剖切符号"需要正确表达剖视方向,如图 7.113 所示。

图 7.113

Step 20 ▶ 执行"文件 / 存储 / 保存在您的计算机上"命令,如图 7.114 和图 7.115 所示;选择路径,更改名字,确定保存类型为 PSD 格式，单击"保存"按钮，存储文件，如图 7.116 所示。保存 PSD 格式的文件可以方便后期图纸的修改及调整。

图 7.114

图 7.115

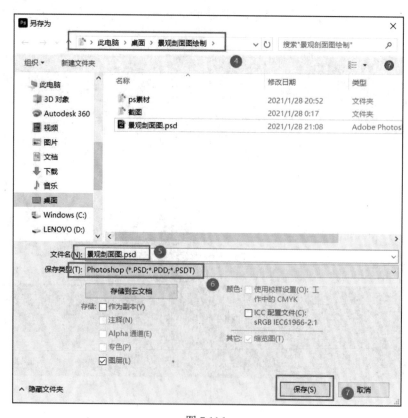

图 7.116

Step 21 ▶ 执行"文件 / 存储 / 保存在您的计算机上"命令，如图 7.117 和图 7.118 所示；选择路径并更改名字，确定保存类型为 JPEG 格式，单击"保存"按钮，存储文件，如图 7.119 所示；设置 JPEG 选项，如图 7.120 所示。

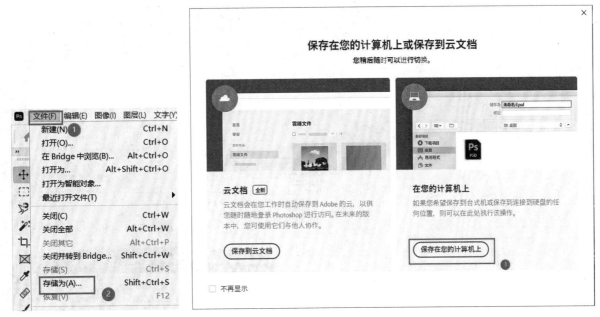

图 7.117　　　　　　　　　　　　　　　　　　图 7.118

图 7.119

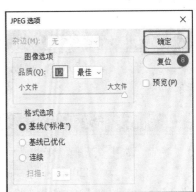

图 7.120

7.5 项目：房地产景观节点分析图制作

本项目讲解如何制作景观节点分析图。景观节点分析图是景观方案设计中非常重要的组成部分，主要用来分析景观方案中较重要的景观节点。一般要分析该景观的功能、特色、主要作用等。本项目以九曲影房地产展示区景观设计中的节点分析图作为案例，讲解其绘制方式，最终完成的效果如图 7.121 所示。

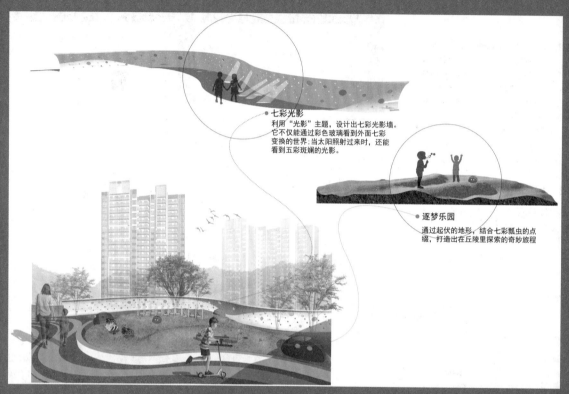

图 7.121

景观节点分析图的制作包括景观场景的处理、植被种植、人物、背景等细节元素的添加以及文字标注。

操作步骤：

1. 启动软件

从"开始"菜单启动 Photoshop 2021，如图 7.122 所示。

2. 新建文件

单击"新建"按钮，弹出"新建文档"对话框，设置"宽度"为"420 毫米"，"高度"为"297 毫米"，"分辨率"为"300 像素 / 英寸"，单击"确定"按钮，如图 7.123 所示。

读书笔记

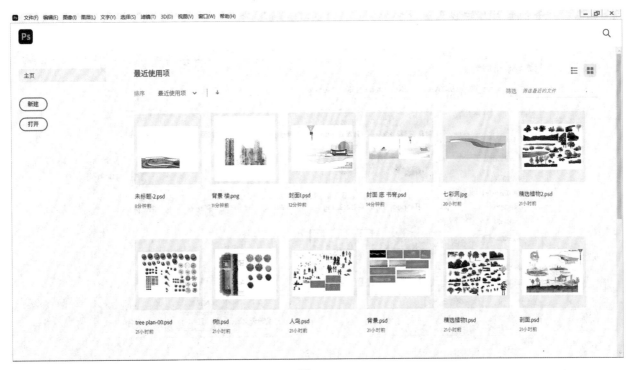

图 7.122

3. 编辑景观场景1

Step 1 ▶ 执行"文件 / 置入嵌入对象"命令，如图 7.124 所示。

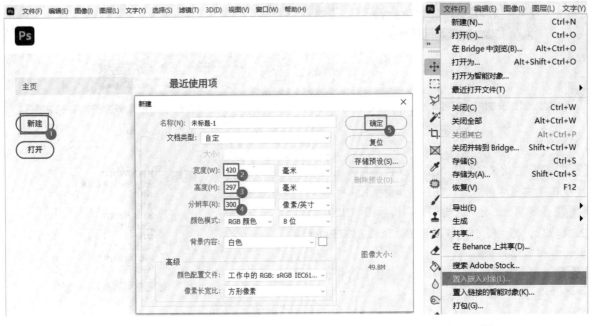

图 7.123

图 7.124

Step 2 ▶ 在打开的素材库中找到素材文件，选择"效果底图"素材，单击"置入"按钮，如图 7.125 和图 7.126 所示。置入成功后，将其缩小，移至合适的位置，按 Enter 键确定，如图 7.127 所示。

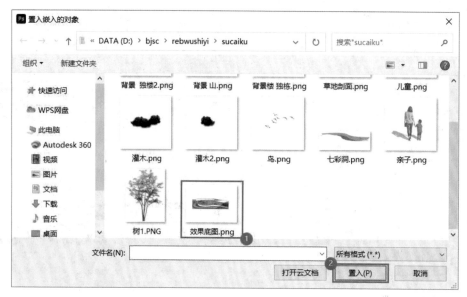

图 7.125

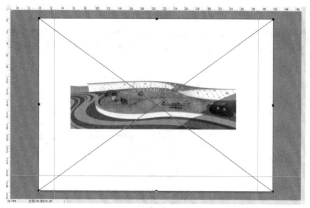

图 7.126 图 7.127

Step 3 ▶ 选择"效果底图"图层，右击，在弹出的快捷菜单中选择"栅格化图层"命令，如图 7.128 所示。

Step 4 ▶ 步骤同上，置入"树 1"素材，如图 7.129 所示。置入成功后，将其缩小，移至合适的位置，按 Enter 键确定，如图 7.130 所示。

Step 5 ▶ 选择"树 1"图层，右击，在弹出的快捷菜单中选择"栅格化图层"命令。

Step 6 ▶ 选择"树 1"图层并将其拖动至"效果底图"图层下，如图 7.131 所示。

图 7.128

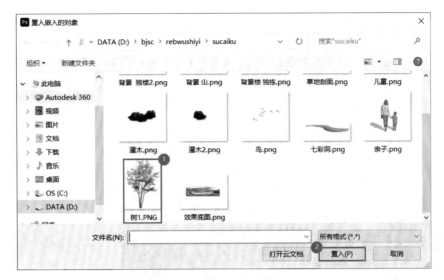

图 7.129

图 7.130   图 7.131

Step 7 ▶ 选择"树 1"图层，按 Ctrl+U 快捷键，弹出"色相 / 饱和度"对话框，调整"饱和度"为 −30，单击"确定"按钮，如图 7.132 所示。

Step 8 ▶ 选择"树 1"图层，按 Ctrl+J 快捷键复制"树 1"图层，重复此操作，复制 5 次，如图 7.133 所示。

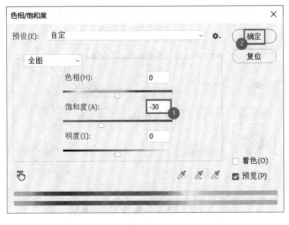

图 7.132

图 7.133

Step 9 ▶ 按 Ctrl+T 快捷键，逐一缩放"树1拷贝"~"树1拷贝5"图层的大小，并移至合适的位置，如图7.134所示。

Step 10 ▶ 选择"树1"图层，将不透明度调为70%，如图7.135所示；选择"树1拷贝""树1拷贝2""树1拷贝4"图层，逐一将不透明度调为65%；选择"树1拷贝3""树1拷贝5"图层，逐一将不透明度调为55%，整体效果如图7.136所示。

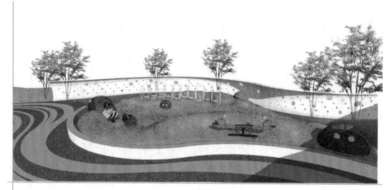

图 7.134

图 7.135

Step 11 ▶ 在素材库中找到素材文件，选择"树2"素材，单击"置入"按钮，如图7.137所示。置入成功后，缩放其大小，移至合适位置，按 Enter 键确定，如图7.138所示。

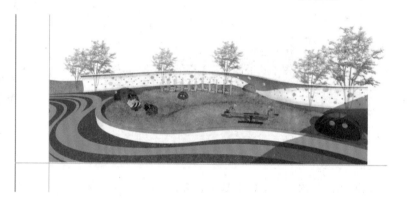

图 7.136

Step 12 ▶ 选择"树2"图层，右击，在弹出的快捷菜单中选择"栅格化图层"命令；执行"图像/调整/亮度/对比度"命令，如图7.139所示。弹出"亮度/对比度"对话框，将"亮度"调为60，单击"确定"按钮，如图7.140所示。

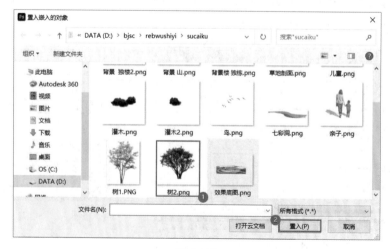

图 7.137

图 7.138

图 7.139

Step 13 ▶ 选择"树 2"图层，将不透明度调为 70%，步骤同上，效果如图 7.141 所示。

图 7.140

图 7.141

Step 14 ▶ 选择"树 2"图层，按住 Shift 键的同时单击"树 1"图层，单击 ▢ 图标，创建新组，如图 7.142 所示。

Step 15 ▶ 双击"组 1"并将其重命名为"树"组，如图 7.143 所示。单击 ⌄ 图标，将其收拢。

Step 16 ▶ 在素材库中找到素材文件，选择"背景 独楼 2"素材，单击"置入"按钮，如图 7.144 所示。置入成功后，缩放其大小，移至合适位置，按 Enter 键确定，如图 7.145 所示。

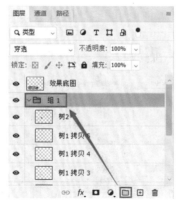

图 7.142

图 7.143

Step 17 ▶ 选择"背景 独楼 2"
图层，将其拖动至"树"组下
面，右击，在弹出的快捷菜单
中选择"栅格化图层"命令，
并将其不透明度调为 30%，效
果如图 7.146 所示。

Step 18 ▶ 置入"背景楼"素材，
如图 7.147 所示。置入成功后，
缩放其大小，移至合适位置，
按 Enter 键确定，如图 7.148
所示。

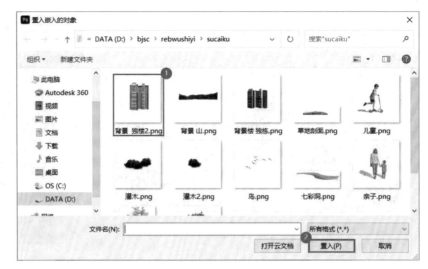

图 7.144

图 7.145

图 7.146

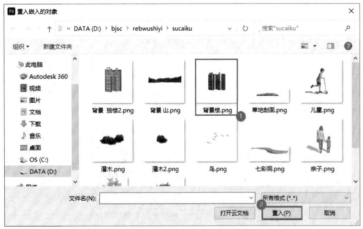

图 7.147

图 7.148

Step 19 ▶ 选择"背景楼"图层，栅格化图层并将其不透明度调为 30%，效果如图 7.149 所示。

Step 20 ▶ 置入"背景 山"素材，如图 7.150 所示。置入成功后，缩放其大小，移至合适位置，按 Enter 键确定，如图 7.151 所示。

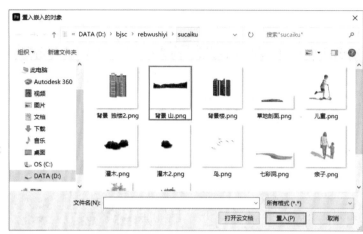

图 7.149　　　　　　　　　　　　　　　　　　　图 7.150

Step 21 ▶ 选择"背景 山"图层并将其拖动至"背景 独楼 2"图层的下面，如图 7.152 所示。栅格化图层并将不透明度调为 20%，效果如图 7.153 所示。

图 7.151　　　　　　　　　图 7.152　　　　　　　　　图 7.153

Step 22 ▶ 选择"背景 山"图层，选择矩形选框工具，框选如图 7.154 所示的区域，按 Delete 键删除，然后按 Ctrl+D 快捷键取消选择，如图 7.155 所示。

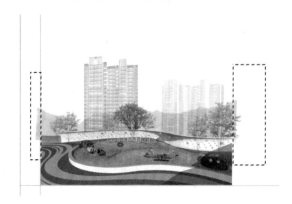

图 7.154　　　　　　　　　　　　　　　　　　图 7.155

Step 23 ▶ 步骤同上，置入"鸟"素材，如图 7.156 所示。置入成功后，缩放其大小，移至合适位置，按 Enter 键确定，如图 7.157 所示。

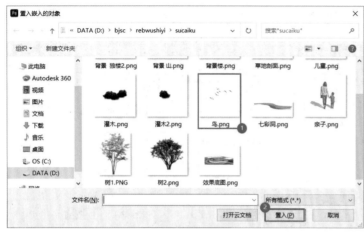

图 7.156　　　　　　　　　　　　　　　　　　图 7.157

Step 24 ▶ 选择"鸟"图层，栅格化图层并将不透明度调为 70%。

Step 25 ▶ 置入"儿童"素材，如图 7.158 所示。置入成功后，缩放其大小，移至合适位置，按 Enter 键确定，如图 7.159 所示。

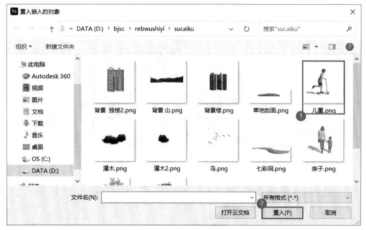

图 7.158　　　　　　　　　　　　　　　　　　图 7.159

Step 26 ▶ 置入"亲子"素材，如图 7.160 所示。置入成功后，缩放其大小，移至合适位置，按 Enter 键确定，如图 7.161 所示。

Step 27 ▶ 选择"背景 山"图层，按住 Shift 键的同时单击"亲子"图层。单击 ▢ 按钮，创建新组，如图 7.162 所示。单击 ⌄ 按钮，将其收拢。

Step 28 ▶ 双击"组 1"并重命名为"场景 1"，如图 7.163 所示。

读书笔记 ▶

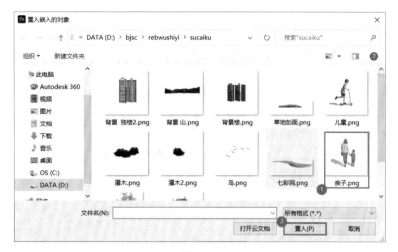

图 7.160

图 7.161

图 7.162

Step 29 ▶ 选择 "场景 1" 组，按 Ctrl+T 快捷键缩放大小，如图 7.164 所示。

图 7.163

图 7.164

4. 编辑景观场景2

Step 1 ▶ 同以上步骤，置入"草地剖面"素材，如图 7.165 所示。置入成功后，缩放其大小，移至合适位置，按 Enter 键确定，如图 7.166 所示。

Step 2 ▶ 选择"草地剖面"图层，栅格化图层。

Step 3 ▶ 选择椭圆框选工具，如图 7.167 所示。按住 Shift 键，框选出如图 7.168 所示区域，按 Ctrl+J 快捷键复制图层，单击"草地剖面"图层左边的眼睛图标 ◉，将其关闭。

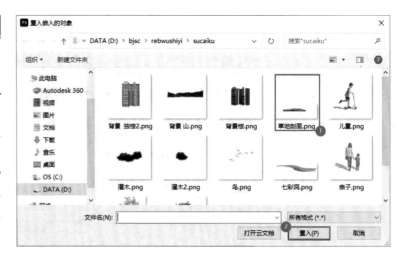

图 7.165

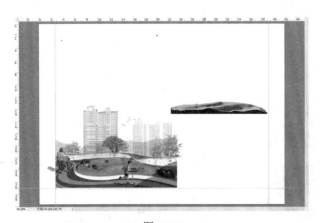

图 7.166

图 7.167

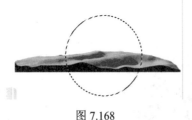

图 7.168

Step 4 ▶ 选择椭圆工具，如图 7.169 所示。在工具栏选项里，工具模式选择"形状"，"填充"选择无，如图 7.170 所示。描边选择黑色，像素调为 4 像素，

如图 7.171 所示。线型选择圆虚线，如图 7.172 所示。按住 Shift 键，如图 7.173 所示，画出"图层 1"大小的正圆。

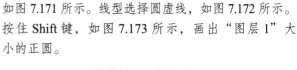

图 7.169

图 7.170

读书笔记

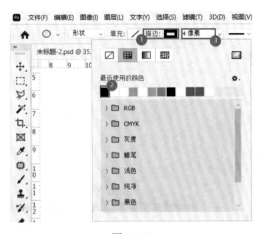

图 7.171

图 7.173

图 7.172

图 7.174

Step 5 ▶ 选择"草地剖面"图层并单击左边的眼睛图标 👁，将其开启，按 Ctrl+U 快捷键，弹出"色相 / 饱和度"对话框，将"饱和度"调为 -80，如图 7.174 所示。

Step 6 ▶ 置入"儿童剪影"素材，如图 7.175 所示。置入成功后，缩放其大小，移至合适位置，按 Enter 键确定，并将其不透明度调为 70%，如图 7.176 所示。

Step 7 ▶ 置入"儿童剪影 2"素材，如图 7.177 所示。置入成功后，缩放其大小，移至合适位置，按 Enter 键确定，将其不透明度调为 55%，如图 7.178 所示。

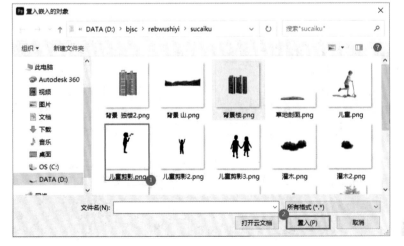

图 7.175

图 7.176

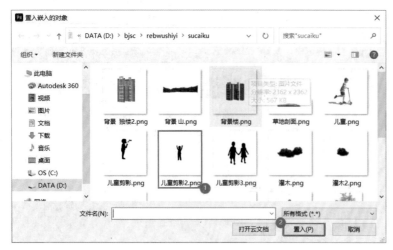

图 7.177 图 7.178

Step 8 ▶ 置入"七彩瓢虫"素材，如图 7.179 所示。置入成功后，缩放其大小，移至合适位置，按 Enter 键确定，将其不透明度调为 70%，如图 7.180 所示。

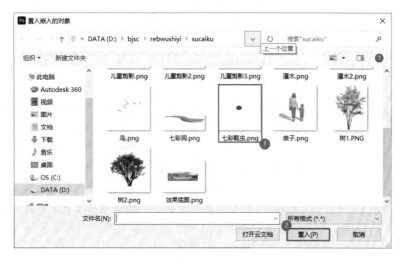

图 7.179 图 7.180

Step 9 ▶ 选择"椭圆 1"图层，按住 Shift 键并同时单击"草地剖面"图层，单击 ▭ 按钮，创建新组，如图 7.181 所示，双击"组 1"并重命名为"场景 2"，如图 7.182 所示。单击 ⌄ 按钮，将其收拢。

读书笔记 ▶

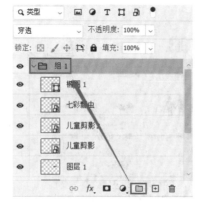

图 7.181 图 7.182

5. 编辑景观场景3

Step 1 ▶ 置入"七彩洞"素材，如图 7.183 所示。置入成功后，缩放其大小，移至合适位置，按 Enter 键确定，如图 7.184 所示。

Step 2 ▶ 选择"七彩洞"图层，栅格化图层。

Step 3 ▶ 选择椭圆选框工具，按住 Shift 键，框选出如图 7.185 所示区域。按 Ctrl+J 快捷键复制图层，单击"七彩洞"图层左边的眼睛图标 👁，将其关闭。

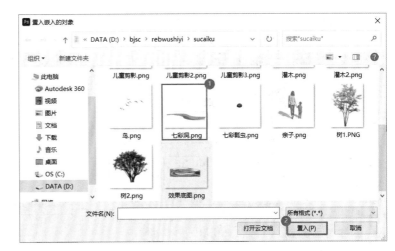

图 7.183

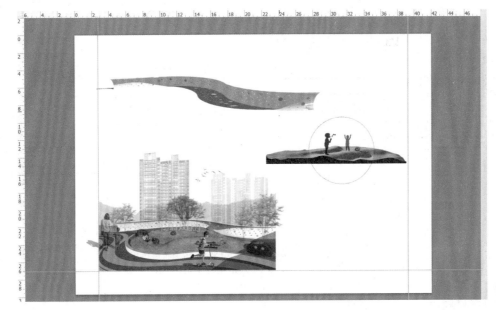

图 7.184

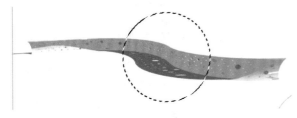

图 7.185

Step 4 ▶ 选择椭圆工具，在工具栏选项里，工具模式选择"形状"，"填充"选择无，如图 7.186 所示；描边选择黑色，像素调为 4 像素，如图 7.187 所示；线型选择圆虚线，如图 7.188 所示。按住 Shift 键，如图 7.189 所示，画出"图层 2"大小的正圆。

图 7.186

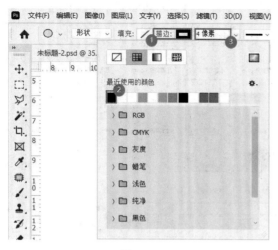

图 7.187

图 7.190

图 7.188

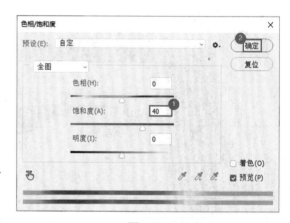

图 7.191

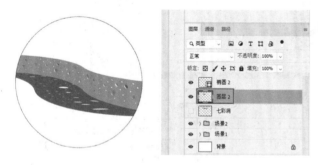

图 7.189

Step 5 ▶ 选择"七彩洞"图层并单击左边的眼睛图标 ◉，将其开启。按 Ctrl+U 快捷键，弹出"色相/饱和度"对话框，将"饱和度"调为 -100，如图 7.190 所示。

Step 6 ▶ 选择"图层 2"，按 Ctrl+U 快捷键，弹出"色相/饱和度"对话框，将"饱和度"调为 40，如图 7.191 所示。

Step 7 ▶ 单击 ⊞ 按钮，创建新图层"图层 3"，如图 7.192 所示。双击"图层 3"并重命名为"光束"，如图 7.193 所示。

图 7.192

Step 8 ▶ 选择钢笔工具 ⬮，在工具选择栏选项里，工具模式选择"路径"模式，如图 7.194 所示。

图 7.193

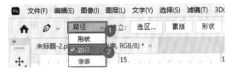

图 7.194

图 7.197

Step 9 ▶ 画出如图 7.195 所示形状，在"路径"面板中单击"将路径作为选区载入"按钮 ○，加载选区，如图 7.196 所示。在工具栏里选择前景色设置，将前景色设置为白色，如图 7.197 所示，按 Alt+Delete 快捷键填充白色，如图 7.198 所示。

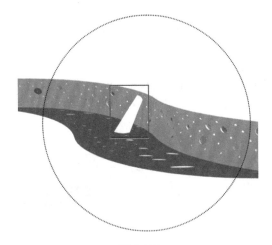

图 7.198

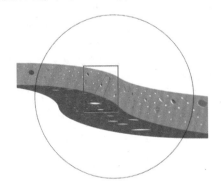

图 7.195

Step 10 ▶ 同以上步骤，继续选择钢笔工具，画出如图 7.199 所示形状，将其填充为白色，如图 7.200 所示。

图 7.196

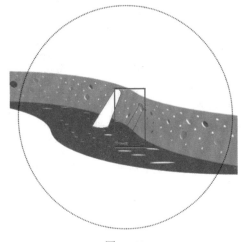

图 7.199

Step 11 ▶ 同以上步骤，选择钢笔工具，画出如图7.201所示形状，并填充为白色。

Step 12 ▶ 在"路径"面板中选择"工作路径"，右击，在弹出的快捷菜单中选择"删除路径"命令，如图7.202所示。

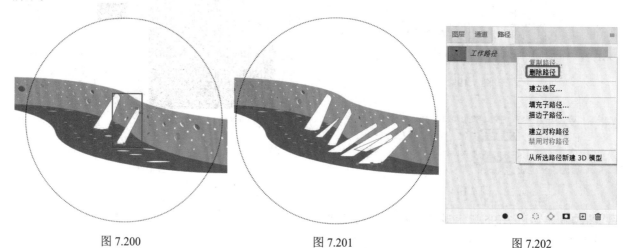

图7.200　　　　　　　图7.201　　　　　　　图7.202

Step 13 ▶ 返回"图层"面板，选择"光束"图层，将其不透明度调为45%，如图7.203所示。

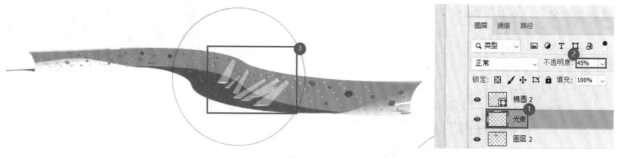

图7.203

Step 14 ▶ 置入"儿童剪影3"素材，如图7.204所示。置入成功后，缩放其大小，移至合适位置，按Enter键确定，并将不透明度调为60%，如图7.205所示。

Step 15 ▶ 单击 按钮，创建新图层"图层3"，双击"图层3"并重命名为"方形"，如图7.206所示。

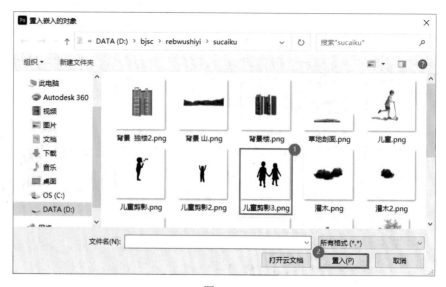

图7.204

图 7.205

图 7.206

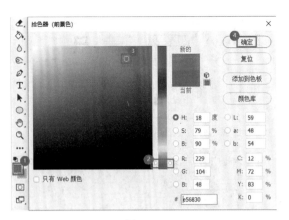

图 7.208

Step 16 ▶ 选择"方形"图层，然后选择椭圆工具，按住 Shift 键并在空白区域单击，框选出一个小圆形，如图 7.207 所示。将前景色设置为如图 7.208 所示颜色，按 Alt+Delete 快捷键填充其颜色，如图 7.209 所示，然后按 Ctrl+D 快捷键取消选择。

图 7.209

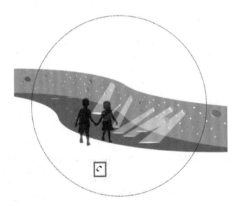

图 7.207

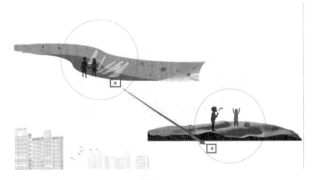

图 7.210

Step 17 ▶ 选择"方形"图层，按住 Alt 键的同时单击"方形"图像，复制一个方形图像并将其移动位置，如图 7.210 所示。

Step 18 ▶ 选择三角形工具，如图 7.211 所示。在工具栏选项里，工具模式选择"形状"，"填充"选择如图 7.212 所示的颜色。描边选择无，如图 7.213 所示。画出如图 7.214 所示的区域。

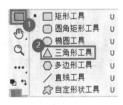

图 7.211

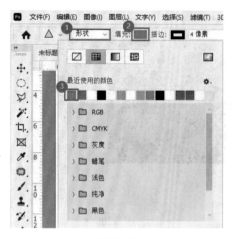

图 7.212

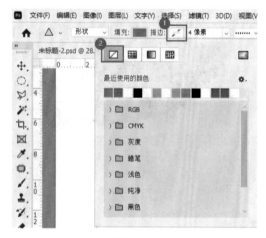

图 7.213

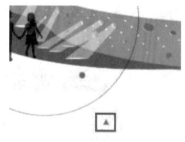

图 7.214

Step 19 ▶ 选择"三角形 1"图层,选择移动工具 ✛,
将其移动位置并按住 Alt 键,同时单击"三角形 1"
图像,复制一个"三角形 1"图像,也将其移动位置,
如图 7.215 所示。

Step 20 ▶ 单击 ⊞ 按钮,创建新图层"图层 3",双击
"图层 3"并重命名为"连线 1"。

图 7.215

Step 21 ▶ 选择"连线 1"图层,然后选择钢笔工具 ∅,
选择"形状"模式,"填充"选择无,如图 7.216 所示。
描边选择如图 7.217 所示的颜色,像素调为 6 像素,线
型选择圆虚线。用钢笔工具绘制如图 7.218 所示的线条。

图 7.216

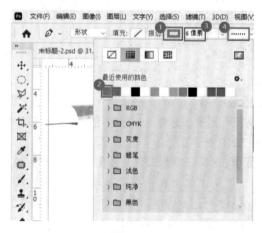

图 7.217

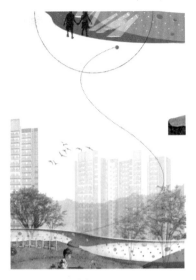

图 7.219

Step 24 ▶ 选择"椭圆 1"图层,按住 Shift 键的同时单击"七彩洞"图层,单击 ▢ 按钮,创建新组,选择"组1"并重命名为"场景 3",单击 ⌄ 按钮,将其收拢。

图 7.218

Step 22 ▶ 单击 ▢ 按钮,创建新图层"图层 3",双击"图层 3"并重命名为"连线 2"。

Step 23 ▶ 同以上步骤,选择钢笔工具,画出如图 7.219所示的线条。

6. 添加文字标注

Step 1 ▶ 选择文字工具,具体参数设置如图 7.220 所示。

图 7.220

Step 2 ▶ 添加文字,依次添加多个文字图层,调整文字位置,如图 7.221 所示。

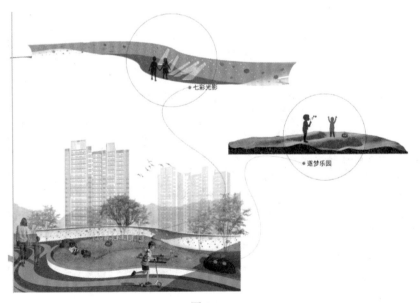

图 7.221

Step 3 ▶ 选择文字工具,具体参数设置如图 7.222 所示。

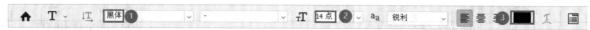

图 7.222

Step 4 ▶ 添加文字，依次添加多个文字图层，调整文字位置，如图 7.223 所示。

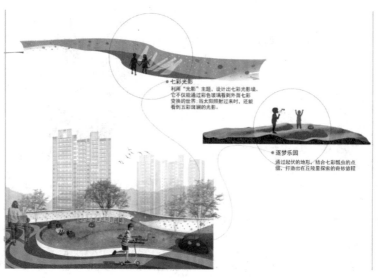

图 7.223

7. 存储图像

Step 1 ▶ 执行"文件 / 存储为"命令，如图 7.224 所示。

Step 2 ▶ 打开"另存为"对话框，更改文件名为"地产景观节点分析图制作"，选择保存类型为 PSD 格式，如图 7.225 所示，单击"保存"按钮。

图 7.224

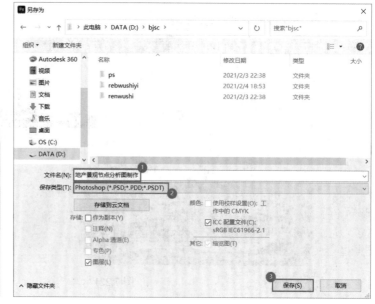

图 7.225

Step 3 ▶ 步骤同上，执行"文件/存储为"命令。

Step 4 ▶ 在弹出的对话框中更改文件名为"地产景观节点分析图制作"，并选择保存类型为 JPEG 格式，单击 ∨ 按钮即可切换不同格式，如图 7.226 所示。单击"保存"按钮。

Step 5 ▶ 弹出"JPEG 选项"对话框，设置"品质"为 12，也可自定义，单击"确定"按钮，如图 7.227 所示。

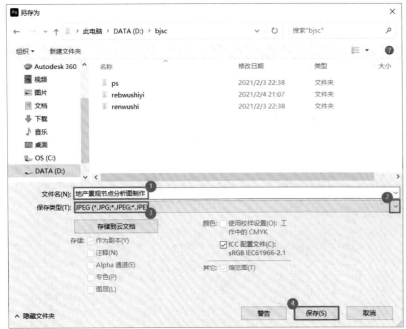

图 7.226

图 7.227

读书笔记